ちくま文庫

半農半Xという生き方
【決定版】

塩見直紀

筑摩書房

目次

第二章 小さな暮らし、大きな夢——田舎暮らしの楽しみ 53

第三章　きっと見つかる！　自分という魅力に満ちた原石　103

第五章 「半農半X」は問題解決型の生き方だ! 193

文庫版まえがき

半農半Xというコンセプトが生まれて約二〇年。このコンセプトが世に貢献したとしたら、それは何か。それは向かうべき人の在り方、歩むべき道や方向性をシンプルに提示したことだと思う。

半農半Xということばは私たちが向かうべき二つの軸を示している。一つは人生において農を重視し、持続可能な農のある小さな暮らしを大切にする方向だ。もう一つは与えられた天与の才を世に活かすことにより、それを人生の、また社会の幸福につなげようとする方向だ。座標軸においてみると、目指すところがよく見えてくる。

「半農半X」とはわずか四文字だが、見る人が見れば、一瞬にして深く悟ることができることばだ。たとえ、私が明日逝ったとしても、この四文字さえ残れば、このコンセプトをさらに深めてくれる人が出てくるだろう。しかし、なぜ農が大事なのか、わからない人も多い。そうした人を説得できる人は農の世界には少ないし、そのようなこともわからなくなった時代がいまなのだろう。

二〇〇六年、『半農半Xという生き方』は縁あって、中国語に訳され、台湾で出版された。題は『半農半X的生活』だ。台湾本には、「順従自然、実践天賦」という副題が台湾の編集者・丁希如さんによって添えられた。自然と寄り添って生き、天与の才を私物化せず、世に活かそう、実践しよう。漢字八文字の簡単なことばで人類が向かうべき方向性をメッセージしてくれた。私たちはいつしか、西欧的な価値観に染まり、自然をコントロールしようと考えるようになってしまった。いま大事なのは自然とともにある、自然に寄り添うという感覚、感性だと思う。

半農半Xというコンセプトは万能薬ではない。しかし、半農半Xというコンセプトは、行き詰まりを見せている世界にあって、歩むべき未来の方向性を提示しているのではないかと出版されて一〇年経ったいま、そう思う。

半農半Xというコンセプトに普遍性があるとしたら、二つの理由がある。一つは、「人は何かを食べないと死んでしまう」からだ。動物としての宿命。もう一つは、人は食べものがあっても、それで満足できない複雑な心理をもつ生き物で、人には生きる意味が必要だからだろう。半農半Xというコンセプトが誕生して約二〇年も経っているが、この二つの理由がそれを支えているのではないか。

最近、「パンとサーカス」ということばを聞いたことはないだろうか？ これは古代ローマの詩人のことばで、パンは食料、特に小麦粉を指し、サーカスは見世物を指す。この二つを民に与えると人心掌握でき、人は考えなくなり、やがて国は亡びてしまうという。半農半Xとは、その反対の世界をめざすものだ。

気候が変動し、人口がさらに増加する世界。自給率の低い日本でどう食べていくのか。そんな時代に、たとえお金があっても食料を買えるのか。また、古い価値観で札束を見せ、買い占めようとするのか。

私はすこしでも自給という努力を試みようと思う。後世への負の遺産も、難題も多い国にあって、それぞれのXを活かして、希望をつくっていく道を歩もうと思う。

『半農半Xという生き方』を上梓して、たくさんの人と出会うことができた。そこで感じたのは、人の使命の多様性だ。環境や自然出産、まちづくり、居場所づくり……。人のテーマはほんとうに多様だ。私はそれを「使命多様性」と呼んでいる。

人はおそらく生涯、自分のテーマを探究し、学び続けるという使命があると思う。あるとき、日本人全員が自分の研究所をつくり、各自のテーマを探究する国になったらどうだろうと思いついた。名づけて、「一人一研究所国家」だ。いま、政治経済の世界では、「成長戦略」ということばが使われている。一人ひとりが研究テーマというライフワークをもち、終生、それに挑む。その研究の成果を独占せず、世界に活かせたらと思う。そして、PPK（ピンピンコロリ）で大往生して逝く。この国のたくさんの研究の中から、国家プロジェクトも生まれるかもしれない。みなさんなら、どんな研究所をつくるだろうか？　どんなテーマを追い求めるだろうか？
研究所をつくるヒントは大好きなこと、得意なこと、気になることなどをあげることから始まる。自分のキーワードを三つあげ、それを束ねる一つのことばで表現してみよう。それらについて大学生に考えてもらうこともあるのだが、彼らは個性的な研究所を思いつくので驚く。「一人一研究所国家」構想の可能性は大いにありだ。

人は自分が置かれている立場を、すぐ状況のせいにするけれど、この世で成功するのは、立ち上がって自分の望む状況を探しに行く人、見つからなかったら作り出す人である。これは英国の作家バーナード・ショーのことばだ。自分で自分を鼓舞し、困難の時代を乗り切り、未来を切り開いていこう。本書を手に取ってくださった皆さんとどこかでお目にかかれる日を楽しみにしている。

二〇一四年五月　阪神大震災の翌年から始めた米づくり、その田植えを前に。

半農半X研究所　塩見直紀

はじめに――今、なぜ「半農半X」なのだろう

夏目漱石の思想的到達点は「則天去私」と言われる。「則天去私」とはご存じのように、人間の私心を去って公平な天の心に帰することで、つまり、自然にゆだねて生きるという人生観だ。およびもつかないが、私の短い人生での思想的到達点があるとしたら、それが「半農半X」である。

環境（さまざまな汚染や温暖化など）、食（安全性や食糧自給率など）、心（生きる意味の喪失や物質中心主義など）、教育（科学、感性、生きる力など）、医療・福祉（生活習慣病や高齢社会の介護など）、社会的不安（不況、失業など）を抱えたこの時代を生きていくために、どうすればいいのかと人から問われれば、私は「半農半Xという生き方がいい」と答えるだろう。

天の意に沿って小さく暮らし、天与の才を世に活かす生き方、暮らし方を一九九五

年ごろから、私は「半農半X」と呼ぶようになった。

これは、小さな農業で食べる分だけの食を得て、ほんとうに必要なものだけを満たす小さな暮らしをし、大好きなこと、やりたいこと、なすべきことをして積極的に社会にかかわっていくことを意味する。天の意に沿う暮らしとは、大量生産・輸送・消費・廃棄に訣別する循環型社会を意味する。天与の才とは人それぞれが持っている個性、長所、特技を指す。

自分にとって大好きなこと、やりたいことが、人（他者）にとって有用であり、双方が幸せになるような公益性を持たせられればいい。

私が住む京都府綾部市には多様な「半農半X」の姿がある。大好きな映画の字幕の翻訳をしている人は、得意な英語を地域の子どもに教え、創作活動をしている人はそれをとおして地域に新しい風を吹き込み、環境問題に関心がある人はそれに関係した仕事についている。

個人と社会が調和しながらともによりよい方向へ進むために、微力でも自分がその主役になる生き方を模索している。きっと皆さんが住むまちにも、よく探せばそんな新しい生き方をしている人がたくさんいるだろう。

私が「半農半X」という生き方に辿り着いたのは、屋久島在住の作家・翻訳家である星川淳さんの著書の中で、自身の生き方を表現した「半農半著」（エコロジカルな暮らしをベースにしながら、執筆で社会にメッセージする生き方）というキーワードに出合ったのがきっかけだった。

これだ！ この生き方は二一世紀の生き方、暮らし方のひとつのモデルにきっとなる、と直感したのだ。

星川さんはJ・ラブロックの「ガイア仮説」など新しい時代の精神を日本に紹介してきた第一人者だ。星川さんには著訳書六十数冊という「翻訳」「執筆」のすぐれた才がある。自分には何があるだろうと問いかけた。しかし、何もない自分に気づく。もしかしたら、みんな、自分の「X（未知なる何か）」を探しているのかもしれない。ある日、その「半農半著」の「著」の部分に「X」を入れてみた。すると……。もしかして、これは私たち一人ひとりが社会的な問題を解決していくために、積極的にかかわっていける生き方のひとつの公式になるのではないか、と思うようになる。

また、この困難な時代を永続して生きていくための「小さな農」と、世に活かす「天与の才」、つまり、「X」の二つが今、同時に必要なのではないか、そう確信するようになったのだ。

「半農半X」という言葉の誕生は私の人生を変えることになった。ヨハン・ゲーテの詩に「心が海に乗り出すとき、新しい言葉が筏を提供する」という一節がある。海に乗り出すためには新しい言葉、新しいコンセプトが要る。意識が変わり、行動が変わり、暮らし方や生き方が変わる新しい概念の創出が急務だと思う。

たとえば、数年前、農文協（農山漁村文化協会）が世に問い、大きな反響があった『増刊現代農業』の『定年帰農』、イタリア発の「スローフード」の思想、そして、日本の「地産地消」、これらは二一世紀という大海原へ漕ぎ出でるための筏《いかだ》として、多くの人をインスパイアし、新しい社会を創るための力となっている。

「半農半X」がもたらすもの、それは永続可能で、魅力あふれる多様な社会。後世に生き方の贈り物をする「与える文化」だ。

一人ひとりが天の意に沿う持続可能な小さな暮らしをベースに、天与の才を世のために活かし、大好きなことをして社会的使命を実践していく生き方ができる社会の実現は、ほんとうに可能ではないかと考えている。私はそんな社会を「天与の才を発揮し合う社会」と呼んでいる。

「半農半X」という言葉は私にとって、二〇〇〇年代を航海するための小さな小さな筏。もしかしたら、「半農半X」という筏をどこかで待っている人がいるかもしれない、そんな気がしている。「半農半X」というコンセプトが多くの人に育てられ、未来潮流の重要なキーワードになってくれたら嬉しい。

みんな必ず自分だけの「X」を持っている。

私たちの前には難問が山積しているが、足るを知り、一人ひとりの「X」を「公益」のために活かし合えば、私たちの世代の未来のためだけではなく、後世のためにも多様性に満ちた循環型社会を創出することはきっと可能だ。

それには、最初に書いたように小さな農ある暮らしを始めること、そして、みんなが「X（志）」を表現することが大事なのではないかと思う。

みんなの「X」のコラボレーション（共創）によって、夢と希望に満ちた社会が実現するのを願ってやまない。

二〇〇三年七月　七夕の日を前に

半農半X研究所代表　塩見直紀

半農半Xという生き方【決定版】

第一章 田舎に出よう！ そこは人間復興の場だった！

人と人の間で心地よく生きる――「半農半X」の神髄

大好きなことをして食べていける社会は、可能か

「小さな暮らし」と「充実感ある使命」――これが「半農半X」だ

半自給的な農業とやりたい仕事を両立させる生き方を、私は「半農半X」と名づけて提唱している。

自ら米や野菜などのおもだった農作物を育て、安全な食材を手に入れる一方で、個性を活かした自営的な仕事にも携わり、一定の生活費を得るバランスのとれた生き方である。お金や時間に追われない、人間らしさを回復するライフスタイルの追求でもある。

いわば、エコロジカルな農的生活をベースに、天職や生きがいを求める生き方だが、私は天職、生きがいに社会的な意義を含ませている。

一人ひとりが「天の意に沿う持続可能な小さな暮らし（農的生活）」をベースに、

生き方だ。
「天与の才（X）」を世のために活かし、社会的使命を実践し、発信し、まっとうする生き方だ。

小さな暮らしとは、たとえどんなに小さな市民農園、ベランダ菜園でもいいから食糧を自給していくシンプルなものである。

「X」は使命（ミッション）。自分の個性、特技、長所、役割を活かして社会へのなんらかの貢献を目指す。大好きなこと、心からやりたいことをして社会に役立ちながら、それが金銭となり生活収入となる。人は何かを売って生きているが、魂までは売らずに生きていたいと願うものだ。

誰もが「大好きなことをして食べていける社会」を夢見ているはずだ。その社会はけっして絵空事ではなく、きわめて現実的であり、二一世紀的なのだと思う。私は、それを「天の才を発揮し合う社会」と呼んでいる。

私はと言えば、一九九九年に京都市内から故郷の京都府綾部市にUターンし、つれあい、娘、父とともに家族が食べる分だけの農作物を自給し、自分の「X」と「半農半X」コンセプトの可能性を模索している。

私の「X」は個人から市町村までの「X」の応援、ミッションサポートだ。

人口が減少し高齢化する綾部において人々が生き生きと暮らせ、市内外の人にとって魅力あるまちに育てる手伝いも「X」の一つだ。

二〇〇〇年、綾部市が設立した「里山ねっと・あやべ」（現在はNPO法人化）は、豊かな里山や地域資源を活用して都市部から人を呼び、交流、定住を促進することをおもな事業内容としている。そこでメールニュースやホームページによる情報の発信などの業務を担当してきた。閉校になった私の母校の豊里西小学校を利用してリノベーションした施設「綾部市里山交流研修センター」に、事務局を置く。

この「里山ねっと・あやべ」での活動は、わが家での収入源のひとつとなってきた。ミッションサポートには、市町村レベルから個人レベルまでのものがある。個人レベルのものなら、本人が気がついていないその人の「X」を見つけ、それを社会的価値にするというコーディネートもある。

たとえば、蕎麦《そば》ぼうろ（蕎麦粉に卵と砂糖を入れて焼き上げた菓子）づくりを得意とする八〇歳の志賀政枝さんに、蕎麦ぼうろのつくり方教室の講師をしてもらったり、一人住まいをしている七〇歳の芝原キヌ枝さんに、古く広い自宅を農家民泊の受け入れ先として提供してもらったりしたことが、個人レベルのミッションサポートである。

志
小さな暮らし

人
社会

志賀さんは「初めて先生になれた」と喜び、芝原さんは都会からの旅人を迎えることが、生きがいのひとつとなってきた。

高齢者にとっていちばん幸せなのは、自分を必要としてくれる場があることである。自分も楽しめ、個性や特技を活かし、社会的に意味のあることで活躍できる場を持てれば、高齢者はもっと生き生き暮らせる。

このことは、志賀さん、芝原さんの話を含めてあらためて後章で述べるが、自分の「X」を見つけることは、高齢社会での生き方、暮らし方にも重要な意味を持つ。今という時代は「生きる意味」の創造が非常に重要なのである。

「半農半ヘルパー」、理想的な姿

綾部市の東南に隣接する北桑田郡美山町（現・南丹市）で暮らす四十代の吉岡智史さんは、ヘルパーをXのひとつにしてきた。

美山町の高齢化率（六五歳以上）は三三パーセント。ヘルパーは民間業者が来ない過疎の町村には不可欠な仕事だ。一九九八年に妻、息子（当時高校生）、娘（当時小学生）とともに移住。

吉岡さんはマックを操るデザイナーであり、小学校の総合学習の授業で新聞づくり、ホームページ作成の指導もしてきた。また、妻の美千子さんと地元の特産品を目玉にした「やまざと市」を地元の人と立ち上げてもいる。京阪神からの訪問客も多く、固定客もつき盛況である。

二〇〇一年、三段の棚田約一反で初めての無農薬、無肥料、無耕耘《むこううん》（田を耕さないこと）の米づくりに挑戦した。手植えしてから一カ月、草と格闘しながらも予想以上の実りがあった。しかし、大半を鹿に献上することになり、収穫はたったの三合。それでも、飯盒で炊いて食べた米の味に感無量だったそうだ。

吉岡家の暮らしは、理想的な「半農半X」の姿だと思える。

※注　吉岡さんは現在は、「あうる京北（京都府立ゼミナールハウス）」でのイベント企画・広報の仕事が主になっている。しかし若い感覚が必要な今の仕事を後任に譲り、近い将来、介護福祉士の資格を生かして、半農半介護士に戻ろうと計画されている。

「人生最高の朝ごはん」を主宰する青年

新潟県西蒲原郡《にしかんばらぐん》巻町《まきまち》（現・新潟市）の西田卓司さんの「X」はまちづくりだ。「半農半NPO」とでも言ったらいいのだろうか。三〇歳目前の西田さんは、誰もがタネまきから収穫までの経過を体験できる畑づくりを主宰する。そこは「まきどき村」と称し、会員制の村民が五〇人ほどいる。地元、県内はもとより県外の人も多い。

毎週日曜日（四月から一一月）、村人たちによる「人生最高の朝ごはん」という催しが行われるのだが、「人生最高の朝ごはん」前の午前六時から八時まで畑作業をする。これは自由参加。「人生最高の朝ごはん」はご飯、味噌汁、漬物だけが原則だ。参加者も何がしかの料理を持ち寄る。

「まきどき村は公園づくりプロジェクトです。しかし、つくりたいのは新しい公園ではありません。新しい時代です。人と人とのつながりと畑作業の過程の大切さ、創造する喜び・感動、そして、ゆったりとした空気を感じ、味わいながら生活できる時代をつくりたい。子どもも大人も高齢者も、都市も田舎も輝きながら生き生きとし、人、地域、教育、福祉がつながっている。そんな時代です。『まきどき村』の『まきどき』は、そのような時代を夢見てまく一粒のタネのまきどきという意味です。要するに、新しい時代のタネのまきどきということ。今まかなければ、芽を出したり、花を咲かせたりできないという考えに立っています。『どき』はワクワクドキドキでもあるのです」

「まきどき村」開村の目的をこう語ってくれる西田さんは千葉県出身だが、新潟大学農学部で学んだあと巻町に惹かれ、この地で「まきどき村」の活動をしている。

西田さんは若い世代に圧倒的に支持されている東京の出版社の信越地域担当の営業マンでもあり、偏差値三八という位置からの大学受験を活かして、「寺子屋途輝《とき》」も開いている。また、NPO法人「虹のおと」を立ち上げ、充実した日々を送っている。

「新潟で自然農をしながら民宿のオヤジになり、お客さんとのコミュニケーションを楽しむ。採りたての野菜を嫁さんが料理してね」というのが、西田さんの夢である。

※注　その後西田さんは、新潟市内で若い世代の人生探求を応援する「ツルハシブックス」というすばらしい書店をNPO事業として開店させている。ますます注目の社会起業家だ。

「X」を求め磨く人々——それぞれの田舎暮らし

移住者の北上現象

都会から、綾部近辺の田園への移住者が漸増《ぜんぞう》している。

そのうちの一つ、北桑田郡美山町（現・南丹市）は五〇〇人の移住者を数えるという。全人口の約一割にあたる。ここは茅葺《かやぶき》の里として有名で、そこには日本の原風景がある。移住者の中には、陶芸、木工、書道などの創作活動をしながら小さな自給農を行っている人も少なくない。

田舎は後継者がいないため、空き家が増加しているのだが、古くから移住が多い美山町にはもうその余裕がない。そのせいか、移住の北上現象も見られる。綾部に隣接する加佐郡大江町（現・福知山市）、舞鶴市へと移住者が北上しているのだ。

綾部も例外ではなく過疎化が進んでいるが、移住者も増え、かなりの世帯数を数える。

若狭湾
舞鶴市
福井県
大江町
綾部市
滋賀県
福知山市
美山町
船井郡
京丹波町
南丹市
京都市
兵庫県
亀岡市
京都駅
大阪府
大阪湾
奈良県

綾部市は京都府の中部に位置する旧丹波国。京都駅から山陰本線特急電車で一時間のところだ。

近畿の市では四番目の広さ（二〇〇三年当時）を持ち、人口約三万八〇〇〇人。九鬼氏二万石の城下町で、明治以降は製糸業により発展し、グンゼ創業の地である。市名の綾部も古代からこの地で織られた綾絹にちなむと言われている。平家落人が伝えたとされる黒谷和紙もよく知られている。足利尊氏生誕地、大本《おおもと》教、合気道の発祥地でもある。

「里山ねっと・あやべ」のある地域をはじめ大半は、夏に冷房はほとんどいらない。雪は温暖化のせいか、積もる日が少なくなった。

秋になると、清流由良川《ゆらがわ》から川霧が立ち込めてくる。霧の都と呼ぶ人もいる。

綾部に移住者が目立つようになったのは、一九九二、九三年ころからだろうか。当初は、なんらかの創作活動をしている人が多かったが、最近ではさらに多様な人が移り住むようになった。

しかし、共通するのは、みんな真摯で、環境意識が高く、生き方、暮らし方を模索していること、未来を自分で創ろうとしていることだ。

「自分の存在に自信が持てた」――映画字幕翻訳者の場合

一九九九年秋に移住してきた永田若菜さんは三十代前半で、映画の字幕翻訳の仕事をしながら田んぼ二反、畑三畝を耕している。永田さんは収穫物の余った分を家族や友人に分けている。

一年間の海外放浪経験を持ち、映画好きの永田さんは、在宅で好きな時に好きなだけ仕事ができるのが魅力ということもあり、一九九九年に字幕翻訳家として独立した。

前年、永田さんは岐阜県で新規就農した三十代の青年と知り合った。彼と食糧自給率や環境問題で激論を闘わせたのだが、永田さんの考え方が机上の空論に思えたのだろう、彼から「当事者になってから言え」と一喝された。

愛知県の濃尾平野に生まれ育った永田さんは、田園風景に慣れ親しんでいた。「お百姓さんを尊敬していた。でも、無意識のうちにお百姓さんと自分の間に境界線を引き、遠巻きに眺めていただけだった。農業や環境の問題を好んで口にし、机上の空論をばらまき散らしては自己満足に浸り、解決はすべて境界線の向こう側に押しつけていた」

五泉町
黒谷町
京都縦貫自動車道
鍛治屋町
（里山ねっと・あやべ）
綾部市
綾部 JCT
丹波綾部道路
綾部安国寺 IC
舞鶴若狭自動車道
綾部 IC
JR 舞鶴線
由良川
JR 綾部駅
JR 山陰本線

と当時を振り返る。

それだけに、青年の一言が永田さんの心に、わだかまりとなって残った。

翌年五月、永田さんは仕事のかたわら、修業と称して彼の下に通う。

そこで綾部に移り住み農業を始めて四年になる松尾博子さんを紹介され、同年齢ということで親近感が湧き訪ねた。即決で彼女の家の離れを借りた。境界線を越えるチャンスだった。近所には米づくりを教えてくれる心強いカリスマ米農家・井上吉夫さんがいる。インターネットと宅配便があるので、字幕翻訳の仕事は続けられる。

しかし、移住当初は職業を明かすのに気が引けた。たとえば、近畿周辺で新規就農した若者たちと交流する機会がある。彼らの多くは農業に人生を懸けている。自己紹介をするたびに、彼らが「農業はそんなに甘いものではない」と語っているようで、やりきれなかった。しかしそれを口にする人はいなかった。それは、農業で食べていこうとしていない、永田さんのコンプレックスから生まれた思いだった。

思い悩む気持ちに整理をつけるきっかけとなったのが、「暮らしのベースにあるのはあくまで『農』で、そのうえで自分に与えられた使命を尽くせばよい」という「半農半X」の考え方だったという。

永田さんは自分の生き方を、こう考えるようになった。

「天職と信じている職業をまっとうすることと、田畑を耕すことは必ずしも相反することではない。農とかかわりながら、プラスアルファで自分の能力を発揮できる分野を持っているとしたら、実はこんな幸せなことはない。『X』は変数で、無限に変わる。人によって違うから『X』だし、同じ人間でも真の使命に行き着くまでに、さまざまな紆余曲折《うよきよくせつ》があるかもしれない。私の場合、その『X』がたまたま字幕翻訳だった。『半農半X』に出合って、私はやっと自分の存在に自信が持てた。私は私のままでいいんだと初めて思えた」

そして、次のようなことを言っている。

「人間なら誰しも自分の好きなこと、得意なことを持っているはずだ。天職とか使命と考えてもいい。才能を活かしてなんらかの役割を担うことは、人として生かされている神秘に対する恩返しだと思う」

永田さんは近隣の子どもたちに、大好きな英語を教えている。子どもたちはその時間を待ちわび、毎週、ワクワクしながら永田さんの下を訪れる。

英語で「天職」を「calling」と言うが、すてきな言葉だと思う。呼びかけられ、呼応するのが天職なのだろう。

※若菜さんは縁あって、現在、京都府京丹後市で「若菜のふだんの食卓」を開店。二児の母でもある。

「X」探し――大企業を辞め、就学前の二児を連れて

山中衛《まもる》・純子夫妻は二〇〇一年のクリスマス、就学前の二人の男の子を連れて、京都市近郊から綾部に移ってきた。衛さんは大手電機メーカーの技術者だった。

純子さんは二児の母になった直後、環境問題、食糧問題に関心を抱き始めた。とりわけ大量消費・大量廃棄を繰り返し、他の生き物を犠牲にして成り立つ暮らしに心を痛めた。地球環境の現実を伝える講演会や勉強会、店頭でのレジ袋調査などを行い、環境問題の活動に一生懸命だった。

しかし、「伝えたい」気持ちが増せば増すほど、純子さんは周囲との距離を感じるようになり、それが空回りしているのではないかと思いはじめた。ある人の「伝えるのではなく、伝わるのだ」という言葉で、あらためて自分の足元を見つめ直さざるを得なかった。

綾部の南西に隣接する天田郡三和町《みわ》（現・福知山市）の人里離れた家に住む人と、西隣の福知山市の山奥に古民家を購入した人を訪ねる機会を得た。これが田舎暮らしのきっかけになった。衛さんが「できる範囲で自分たちの食べものをつくりたい」と言い出したのである。純子さんも感謝の念が湧いてくる自然の中で暮らしたいという思いを強める。

夫妻は田舎暮らしを決意した。

「里山ねっと・あやべ」を取り上げたテレビ番組を見た純子さんの母親の助言で、夫妻は綾部を訪れる。

そのころ、衛さんの会社では、早期退職者を募っていた。

夫妻は、これは「田舎に行きなさい」という天の啓示と受けとめ、綾部での新しい生活を始めることにした。

古民家の物件をインターネットで探し、物件を決める段階で、「里山ねっと・あやべ」に二人は立ち寄る。そこに私は居合わせた。ちょうどタイミングよく、「里山ねっと・あやべ」の田舎暮らし図書館を訪れていた、物件がある地域に住む井上吉夫さんの妻、敏さんに引き合わせた。そして、同じ町に数年前に移住した一家（同世代夫婦）を紹介した。

その物件がリフォーム済みで即入居できること、田んぼが一反ついていたこと、隣の家のおばあちゃんがすてきだったこと、敏さんとの出会いなどが大きな決め手となった。

純子さんは田舎暮らし一年余りをこう述懐する。

「生まれて初めての田植えも、近所の方に指導してもらいながらなんとか植えました。田植えごっこと称して、畳の上を抜き足差し足で歩いている息子たちの姿、台所から入ってくるやさしい風、夕方の柔らかい光を受けた田んぼの美しさ、家族と一緒に食べる夕食、ゆっくり流れている時間を感じながらの暮らしは、幸せだと思う」

純子さんは今、和太鼓に夢中だ。松尾博子さんが主宰する和太鼓の会で井上敏さんらと毎週、汗を流している。

私たち夫妻と同じく、山中夫妻も「X」探しの途上にある。今は子育てという時を楽しんでいるが、二人が将来、どんな風を起こしてくれるのだろうかと期待する。
※注　山中家はさらに男の子に恵まれた。綾部の人気移住地でもある志賀郷町では、子ども

三人もめずらしくない。それによって学校の児童数、生徒数がキープされている。

「日本のバルビゾン」を目指す画家夫妻

ともに画家である関輝夫・範子夫妻はフランスから輝夫さんの郷里、綾部に二〇年ほど前に戻ってきた。農業をし、羊を数頭飼いながら、自宅を改装したアトリエ兼ギャラリー「アトリエ夢旅人舎」で創作活動に励む。

私と関夫妻の縁は、まさに偶然から始まっている。京都市内に住んでいたころ、私は京都駅前のクラフトショップで、範子さんの版画のレターセットに目を留めた。魂を震わすような範子さんの版画とアトリエ夢旅人舎という名称に心惹かれ、私は帰省した折にそのアトリエを訪ねた。関夫妻は急な訪問にもかかわらず温かく迎えてくれ、生き方、暮らし方について刺激に満ちた話をしてくれた。

夫妻は綾部の地をバルビゾンと表現する。そのころのアトリエ夢旅人舎のパンフレットには、次のようなメッセージが掲載されていた。

「日本のバルビゾン、京都・綾部は空気と水のおいしい星のきれいなところで、私は農業をしながら、妻は羊飼いをしながら日々、土に親しみ、季節の移ろいのなかで制作に励んでいます。バルビゾンはフランス・パリ近郊のフォンテーヌブロウの森の中にある小さな村。その村に住み、農業をしながら自然やそこで働く人々や動物などの絵を描いていたミレー、コロー、テオドール、ルソーなど、バルビゾン派の画家たちのような生活の中で生まれた油絵、木版画などの作品をぜひ自然の中でご鑑賞ください」

「一年がかりで愛情を注いで稲や野菜を育てる農業と、油絵って似ているんだよ。どちらも一気にワーッとやってできるものじゃない。それに都会の狭い空間であわただしく描いていたら、工業製品みたいな作品になってしまう。ほんとうはここで生まれたし、代々農家だからこじつけで言っている部分もある」

と、輝夫さんは笑う。

夫妻は毎年、田植えが終わると、数回の個展と多くのイベントに参加する「全国ツアー」をし、雪が積もる冬は創作に没頭する。その他にも、自宅でクラシックや尺八のコンサートを開くなど、のどかな田園風景からは想像ができないほど多忙だが、充実した日々を送っている。ここは綾部でも代表的なサロンのひとつだ。

範子さんは減反政策で使えなくなった田に植えた藍で染色したり、黒谷和紙を素材に木版画刷りをしたり、輝夫さんは宇治茶を支える綾部茶を飲むために、「綾部焼」に取り組んだりと、とても多芸である。

羊飼いになるのが夢だった範子さんは、春になると神戸の専門家を招いて羊の毛刈りを行う。口コミで市内外から多くの人が見物にやってくる。

「X」の文字は、「自分」と「社会」の調和を示す

関夫妻のバルビゾン的な暮らしに、新しいライフスタイルを見る。これからの暮らし方・生き方を考えるとき、持続可能性（サステナビリティ）が大きなテーマとなるだろう。持続可能な社会や暮らし方を模索すると「農」は避けられないテーマだ。

関夫妻の知己を得たことで、私は次のような思いを深くした。少しでも自然に触れ、「農」にかかわり、それぞれの「天の才」をみんなのために発揮し合う社会をデザインできないだろうか、綾部から発信できないだろうか、と。

閉塞感漂う今、私たちは何か新しい風が吹いているのではないかと、移住者に期待している。今の日本は「風穴を開ける」ことがとても大事なのだ。「X」を追求する移住者は永田さん、山中さん、関さんのように、「X」を通じて地域の人々と有益な

交流を持ち、新しい何かを生み出していく。

「X」の文字は二本の線が交差している。一本を自分、もう一本を社会が歩む道と考えると、その接点は自分と社会が調和したところである。これは、社会に背かず、社会から疎外されずに社会の一員として自分が何をできるか、つまり、「X」で個人が社会に積極的にかかわることを示している。そして、そこに「何か」が生まれることを意味している。私と社会のコラボレーション（共創）、それこそが「X」だ。

その「X」は、自分がワクワクするようなものでなければならない。誰からも命令されるものではなく、寝食を忘れておのずと取り組んでしまうようなものだ。今とても大事なことは「ボランタリー」、つまり、「自発」であるか否かということだ。

多種多様な「X」を持った人々で形成される社会、ここに新しい満ち足りた暮らし、幸福な暮らしのひとつのモデルがあるのではないか。これこそ私が呼ぶところの「天の才を発揮し合う社会」である。

「半農半X」とは二一世紀のライフスタイルであるが、新しい世界の見方、新しい眼差しでもある。

初めての田舎暮らし、どう始めるか

何度も足を運ぶ、そして友だちをつくる

綾部市の移住者人口は、売却、賃貸物件として空き家が出てくれれば、間違いなく増えるだろう。

空き家は九〇〇軒ほどあるのだが、所有者が都会で暮らしていても、田舎の人情としてなかなか手放そうとしないし、他人に貸すのに抵抗が少なからずある。

市では以前より、空き家登録制度を設け、積極的に移住支援を行っている。「里山ねっと・あやべ」も市と共同で田舎物件情報を提供している。スタッフを中心に、自分たちの住む地域での空き家情報を収集して、会員制にして物件の紹介にあたっている。随時、物件を求める登録者に情報提供をしていて、登録者数は約三〇〇である。

土曜日曜になると、訪ねてくる移住希望者との応対で、「里山ねっと・あやべ」は

忙しくなる。私たちは不動産業ではないので、これから地域社会の一員になるという観点から、紹介の他に、訪問客に先輩移住者を紹介したり、田舎暮らしのノウハウを教えたりしている。

移住希望者にとっては、市が「空き家登録制度」を行うという点に安心感があるようだ。

初めての人でも、近隣の人のサポートがあるため、快適な田舎暮らしが可能だ。私たちは移住希望者に、綾部に何度も足を運び友だちをつくることを勧めている。人と人の出会いのコーディネートは、私たちの最も大切な仕事である。

家の売却価格はまちまちだ。二〇〇〇万円という物件もあるが、相場は六〇〇万円くらいだろうか。

古い民家でリフォームを必要とする物件もある。五〇〇万円程度の物件でも部屋数は多く、もちろん、駐車スペース、田畑つきである。

賃貸は田畑つきで月一、二万円が平均的だ。住んでくれれば、家が傷まないからと無料のケースもある。

賃貸ではリフォームが自由にできない欠点があるが（所有者と相談してできる場合

がある)、私としてはまずは勧めたい。

仮りに、週末だけの通い農をしたいのであれば、休耕田・休耕地が多いので、月一万円も出して借りればそれなりの農業ができる。

「所有価値」から「利用価値」へ——家、田畑の賃貸は廉価

最近、各地で休耕田・休耕地を移住者に無料提供してくれる人が増えてきた。農家では働き手は皆、外に仕事を持ち、おじいちゃん、おばあちゃんだけが家に残っている。どこでもそうだが、昔は家族全員が農業をやっていたが、今は農業だけで生計を立てている家は少ない。

今、日本の田畑が荒れている。昔の人は美意識から、自分の田畑に草が生えっぱなしになっているのをみっともないことだとして、ていねいに草刈りをしていた。今でもその意識は残っているのだが、実際に草刈りをやる人手がない。その意味で、たくさんの田畑を持っている人はたいへん困っている。田畑、山林、竹林の管理に限界があるし、土地を持っている負担が大きい時代になっているのだ。

たくさんの土地を持っていても、一家の働き手が外に出ていると、田畑は草ぼうぼ

うの状態で放置されていることが少なくない。都会に移り住み、年に数回だけ実家に戻って管理をするとしても、それだけでは田畑の荒れは防げない。

大正、昭和初期生まれの人がいなくなったら、農村風景も大きく変わるだろう。私は、都会の人が農業や山仕事、森林ボランティアをできるような共有財産的な土地が必要だ、と考えている。今、都会では市民農園を求める人が多く、順番待ちの状態だ。現在、綾部市には市民農園の計画がある。二〇〇三年、小泉内閣の目玉である構造改革特別区域法に基づいて、国に「農村交流促進特区」を申請し、農家が行えるようにしたのである。

家にしても田畑にしても、これまではどれだけ土地を所有していたかに価値が置かれていたのだが、今では考え方も変わってきている。綾部でも誰かに使用してもらい、草ぼうぼうだった田畑が蘇ってくれれば嬉しいという人が増えてきたのである。

今、世界では、「所有価値」から「利用価値」へ意識、考え方が変わりつつあるが、農村部も同じである。人にはどれだけの土地が必要かということが問われ出してきているのだ。

第二章

小さな暮らし、大きな夢――田舎暮らしの楽しみ

物欲縮小、健康獲得、甦る家族――「半農」の意味

好きなことをしていくのに、「半農」が不可欠な理由

「食べていく」ということの意味は？

「半農半X」を実践する人は、自然に暮らすことで自分の成長と誰かの役に立つことを前提にしているように思う。

そして、それが実感できる舞台が、いわば「半農半X」という生き方であると考えている。

食の面から「半農半X」を追求する人、環境問題の視点から「半農半X」を追求する人、自然とのかかわりといった問題意識の解決のために「半農半X」を追求する人、大好きなことを自然の中でしたくて「半農半X」を追求する人など、「半農半X」にはさまざまなタイプがある。

屋久島在住の作家・翻訳家である星川淳さんが、私に大きな影響を与えてくれた。

星川さんはJ・ラブロックの「ガイア仮説」など新しい時代の精神を日本に紹介してきた第一人者だ。

一九九五年、星川さんの著書『エコロジーって何だろう』（ダイヤモンド社刊）の中で、自身の生き方を表現した「半農半著」（エコロジカルな暮らしをベースにしながら、執筆で社会にメッセージする生き方）という言葉に出合っていなければ、私は「半農半X」という考え方を持つに至らなかっただろう。

「ただ『著』を『X』に置き換えただけじゃないの」と、つれあいの公子は笑うが、この生き方は二一世紀の生き方、暮らし方のひとつのモデルにきっとなると、私は直感した。

星川さんは移住した屋久島で、二四〇〇坪ものミカン畑を管理することになり、営利農業を始めた。それと並行して自給用の米と野菜もつくる。星川さんには営利農業をやるつもりはなかったのだが、ミカン畑を譲ってくれる人がいたので、営利農業に挑戦したのだ。

しかし、ミカン畑の管理・維持の大変さ、それを支える体力の問題などで、限界を感じる。

その体験から、星川さんは「半農」について、著書『地球生活』（平凡社刊）で次のように述べている。

「自給規模なら見通しは立つものの、営利規模ではかなりの無理を要求される。これ以上地球に農薬という毒を盛ることだけは絶対にしないと決めているが、無理のなかには機械力や借金、もっとめまぐるしい生活ペースなども含まれる。

それに対する私の考えは「半農」である。百の作物をこなす〝百姓〟や農業だけで生計を立てる専業農家にならなくていい。かりに実働八時間として、その半分で自分たちの食べるものを納得のいくやる方で育て、あとの半分でなにかしらの収入につながる仕事をする。私の場合はたまたま『半農半著』。しかも、その半分を厳密な五対五というより、四対四ぐらいにしておけば、残りの二は好みに応じて遊んだり、自然とふれあったり、人によってはもっとお金に換える作物を作ったりできる。

『そんな中途半端なことで食っていけるか！』と叱られそうだが、〝食っていく〟ということの本来の意味は、文字どおり自分や家族の心身をなんらかの食べ物で健康に養うことであって、一日の半分でそれがある程度達成されるとしたら、あとの半分のすごし方はもっと柔軟でかまうまい。しょせん、紙幣や硬貨が食べられるわけではないのだ。

私自身、少なくとも屋久島へきてからの十数年、一日四時間分の現金収入で家族三人の生活を支えてきた。そういうと、『それは文筆という特殊技能があるからだ』と反論する人がいるが、よほどベストセラーにならないかぎり、著述印税がいかに微々たるものかご存じない」

稲の都合に合わせるか、人間の都合に合わせるか

私は阪神大震災の翌春の一九九六年に住まいを綾部の実家に移し、京都市にある会社に通いながら自給農を開始した。わが家の田んぼは貸していたので、米づくりは最初、田を借りて始めた。その翌年からわが家所有の田で行っている。

実家に戻った一九九六年、結婚七年目にして待ちに待った子どもを授かる。自然分娩を望み、京都にある助産師の左古《さこ》和子さん経営の「あゆみ助産院」で取り上げてもらいたくて、いったん京都市に戻り、通い農ということになった。そして、前述したように一九九九年に綾部に戻り、自給農を再開した。

現在、五〇メートル×六〇メートルの三反のうち二反で米をつくり、減反した一反

を畑にしてサツマイモや豆（ソラマメ、大豆、黒豆）などを栽培している。子育てへの影響を考えて開始当初より規模を少し縮小し、米とおもだった野菜の栽培を行っている。無理をしないことも大事だと思う。

最近は一般的に田植えの時期も早くなり、会社勤めをしている人だと五月の連休にすませてしまう。今は稲の都合ではなく人間の都合でやってしまう時代なのだ。昔は天候を考え、「今年はフキノトウが出るのが遅いから田植えを昨年よりあとにずらそう」と田植えの時期を調整していた。その年の天候によっては初雪が降るころ、まだ稲を干しているということも珍しくなかった。

収量主義、効率主義で田んぼにいる時間を短くする傾向があるなか、私が田んぼにいる時間は長い。わが家の田植えはそこまでしないが、それでも周囲より遅い時期にしている。米づくりは稲の都合に合わせるために、先人の知恵に従い、なるべく旧暦を意識している。最近、綾部の地に古民家を改修した「そばの花」というすてきな蕎麦屋さんが開業したのだが、その店の屋根裏から昔の農事暦が出てきた。

私の誕生日の四月四日は、旧暦では「桜花爛漫、天地万物清新の気が満ちあふれる」候である「清明《せいめい》」（四月五日ごろ）にあたる。万物が輝き始める春である。生命の巡りを思う。私は何か新しいことを始めるときは、この日をスタートにしている。私の好きな日である。ちなみに、娘も同じ四月四日に生まれてきてくれた。

「引き算の暮らし」――「半農」の原則

「生活収入」少なくも、「心の収入」大きい

私が生き方探しを始めたのは、やはり環境問題に出合ったからである。

環境問題は心の面が大きいと、私は思う。何かを満たしたくて、人は消費に走ってしまう。人間一人ひとりにある買い物依存症的な消費欲望の肥大が、環境問題の根源にあるのではないか。

田舎で「半農」の暮らしをしようとすれば、原則的に生活は「生活収入を少なく、心の収入を大きく」になる。ここ綾部では、大人一人、月に一〇万円も収入を得れば、充分に暮らせるだろう。

実際、田舎暮らしだと職の選択肢が狭まり、「入《い》るを計って出《いず》るを制する」という言葉があるように、必然的に生活自体は縮小する。

今はもう大きいことを求める時代ではなく、「小ささ」「コンパクト」が求められるスロー&スモール・イズ・ビューティフルの時代だ。

生活の縮小となると、厳しく感じるかもしれないが、心豊かな暮らしができるのは、「X」があるからだろう。真の喜びがあることは、それさえも解消できるのだ。

私の家は、街中から一〇キロほど離れているので、買い物にあまり行かないような暮らしができる。買い物が少なくなれば、お金の出とゴミの発生量は減る。ガソリンの消費も減り、空気を汚さない。手づくり、近隣の人たちとのお裾分けや物々交換でおのずと節約ができている。その効果は大きい。地球に対してもローインパクトだ。

わが家の場合、父と同居しているので多少の援助がある。田舎暮らしでは割合に広い家に住め、「半農」ともなれば、夫婦がともに家にいる時間が多いので、一方的にどちらかが親の面倒を見なければならないということも少なくなり、三世代同居が可能だ。となれば、各家庭によって事情は違うが、仕事を分かち合ったり、親の援助といったものが期待できる。

なによりも、そこには「家族」があり、「家族の絆」を意識することができる。核家族では学べないものがあるのだ。

必要なものさえ、満たされればいい——買い物の判断基準

わが家では食料品を除いて、買い物の判断基準がある。「それは必要なものか」「それは長く使えるか」「それは一生ものか」「それは他者や環境に配慮したものか」。

ロングタイムやエコロジーの観点から、自分たちの生活様式に適ったものか、他人の真似でなくほんとうに必要で意義のあるものか、機能的な面での向上性があるか、などを考慮する。これで節約の最たる敵、衝動買いを避けることができる。

長い目で見たら、高価なものを買ったほうがいいということがおうおうにしてある。それはそれで楽しいので、そういう場合は私は躊躇しない。

会社勤めをしていた一九九〇年ごろ、部屋にものを置かない暮らしが最先端だということを知り驚いた。あらためて自分の周囲を見回したとき、いかに無駄なものが多いかを痛感した。ちょうどそのころ、新井満さんの『足し算の時代　引き算の思想』（PHP研究所刊）にも影響を受け、以来、「引き算の暮らし」を意識するようになった。

私が言うまでもなく、私たちは「便利さ、快適さを追求して、人間は幸福になったか」という問題を意識せざるをえなくなった。もちろん、便利さの追求は人間の幸福にとって計り知れない寄与があった。しかし、その一方で、さまざまな難問題を山積した。資源の濫費、環境問題、食の不安、人間性の喪失。便利を効率に言い換えればリストラもそうである。世界的に見れば、貧富の差、過剰な教育熱、これらもある意味では便利・効率など私欲が生んだ問題だろう。

私たちがこうした問題に目を向けたとき、はたして、便利さを追い求めるだけでいいのかという疑問が湧く。たとえば環境問題。私たちの生活から便利さを排除してみると、いかに環境を汚しているかがわかる。その意味で消費を考えるならば、引き算型の暮らしは大切なことである。そのために、今、私たちに必要なのは消費生活における価値観の転換である。

環境問題に関心があるからといって、私は無駄を徹底的に排するいわゆる「不便な暮らし」を追求しているわけではない。また、「こうあらねばならない」という価値観に凝り固まった原理主義者でもない。

わが家の消費生活は、「楽しく、必要なものさえ満たされればいい」という考え方によっている。「足るを知る」ということである。

できることから引き算をしていけばいいと思っている。無理はかえって心の健康に害をもたらすから禁物である。「楽しい引き算」でいいのだ。

現実は確実に「引き算の時代」にシフトしている。二〇世紀は「つくる」「増やす」の「足し算の時代」だった。それによって、社会、個人はたっぷりと贅肉をつけ、さまざまな社会病理現象を抱えている。

今は、その贅肉を削ぎ落とし、地域、家族、個人といった小さい単位の精度と洗練性を追求する時代である。「スケールメリット」から「スモールメリット」追求への転換である。

東京の出版社、地湧《ぢゆう》社の増田正雄社長から、こんなことを教えてもらったことがある。

「日本文化とは階段を上る文化ではなく、しずしずと、階段を背中から一歩一歩下り、不要なものを一枚一枚、削ぎ落としていくような文化ではないか」

苔玉や山野草のミニ盆栽が流行っているが、これも引き算の美学を求める人々の意識が形になったもので、欧米で人気の「ZEN（禅）スタイル」だ。日本の引き算の思想は二一世紀の世界の知的な地球資源である。

今、脚光を浴びる「スローフード」「スローライフ」という考え方と、「スモール」は同じだろう。後述するが、「ないものねだり」をせず「あるもの探し」をする「地元学」も引き算の思想のひとつの形と言える。

「引き算の暮らし」には、大きな「プラス」がある

「家族の団欒」の場のつくり方

わが家でおもな、必要のないもの、必要のあるものを挙げてみよう。電化製品だと電子レンジとクーラーが必要がない。電子レンジは使わない主義だし、この地は夏でも涼しいので、クーラーも必要としない。家が密集していないからでもある。

携帯電話は子どもや家族とのライフラインとして否定はしないが、できるなら持たくないものだ。しかし、最近は農作業中、倒れて、携帯電話で助かるという例も田舎でおこっている。ペットボトルは意識的に買わない。田んぼに出るときは特上の「三年番茶」を持っていく。

必要なのがパソコン。これは仕事上欠かせない。これがないと文章が書けなくなっている。アイデアを生み育ててくれるし、メールとインターネットの恩恵は大きい。

パソコンを止めると、急に部屋が静かになるので、音の害を受けているのだなとしばしば思う。

暖房としての豆炭ごたつも、絶対に必要だ。家のつくりの問題で薪《まき》ストーブではなく、石油ストーブも使用している。こたつは寒い日だと豆炭を四個使用するが、通常は二、三個ですむ。一二時間は持つ。一袋一二キロで一二〇〇円だ。ひと冬二、三袋もあればいい。わが家には、一回の着火で豆炭を継ぎ足しながら冬を越すという目標がある。

充分に暖が取れるのは掘ごたつがある部屋だけなので、冬になると必然的に家族四人が顔を合わせている時間は長くなる。一カ所に家族が集まるのはいいことだ。家族のコミュニケーションが深まるのはあたりまえだが、話し合わなくても、顔を見るだけでお互いの心の変化を読み取ることができるだろう。

日本に茶の間がなくなってから、父の威厳の失墜、家族の崩壊が始まったという人がいるが、おおいにうなずける。引き算の暮らしは、今、日本から失われつつある家族という共同体の原点を取り戻してくれるのである。

「家族って、ベースキャンプみたいだね」

わが家はあまりテレビは見ない。六歳の娘、雛子は土日にアニメ番組を見るくらいである。夕食が六時（早いときは五時半）で就寝が八時だから、見る時間が少ないこともある。父もその時間には寝てしまう。

娘はテレビを見ずに絵を描いたり、何かを創作したりすることが好きなようだ。私は娘と一緒に床に就き、絵本を読み聞かせする。娘が自分で読むこともある。毎晩だいたい三冊の絵本を読む。ちなみに、私は佐野洋子さんの『100万回生きたねこ』（講談社刊）、安野光雅さんの『ふしぎなたね』（童話屋刊）がお気に入りだ。ある女性が「そんな楽しみを、奥さんは旦那さんに譲ったのか」と驚いていた。子どもとの時間は「あなたの宝物だ」と言ってくれる人もいる。

家族全員がひとつの部屋に集まれば、自然と会話が生まれる。そこには死語に近い一家団欒という光景が見られるだろう。わが家の娘はまだ小さいので、今はいつも親の側にいるが、五年後、一〇年後、はたして彼女が私たちと掘りごたつを囲む時間は、今のように長いままだろうか。

私の就寝時間は娘と同時だ。起床は午前三時。みんなが起き出す六時半ごろまでが自分の時間である。読書や思索、書き物、メール、手紙などに大半の時間を費やす。この時間を「天使の時間」と私は呼んでいる。自分の「X」を発見していくには、孤独の時間、一人の時間がとても大切だ。夫婦ともに自分一人の時間を必要としていて、つれあいの自分の時間は、私と娘が寝てから一一時までの間である。私は職住一体なので、三食ともつれあいとともにする。

娘が五歳になった年、待望のアウトドアを始めた。田舎暮らしとは違う刺激がたくさんあって面白い。その最たるものは家の外で寝ることだろう。

初めての家族キャンプ、夜明け前に突然、雨が降り出した。大きな松の木の枝から雫がポタポタとテントに落ちてくる。遠くで雷鳴がとどろいた。そのとき、雨粒とともに「家族って、ベースキャンプみたいだね」という言葉が降ってきた。

家族それぞれが目指す山は違っている。しかし、ひとつのベースキャンプに一緒にいて、助け合ったり、いたわったり、勇気づけたり、お互いのミッションがかなうように応援し合ったりする。初めてのキャンプで、私はそう思った。家族にこのことを話していないが、以降、キャンプに行くたびにその思いは強くなった。

※注　この文庫刊行の二〇一四年、娘は高校二年となっている。大学進学のため、あとしばらくしたら、綾部を巣立っていく。農学部や公共政策の方向にいく可能性もありそうだ。

選択と集中——お金の使い方

電気掃除機は、長く持つということでスウェーデン製の高価なものを使用している。箒《ほうき》を使うとなると、かつて住んでいたマンションに比べ家が広いので、かなりの重労働になる。

要るべきか要らざるべきか悩むのが車だ。この地域の人々にとって車は足である。自転車は中高生が乗る程度だ。車は一家に三台、四台はあたりまえで、拙宅にも私、妻、父用（軽トラ）として三台あるが、一台は無駄だと思っている。使用頻度が少ないものもあるので、うまくカーシェアリングできないかと考えている。

地域でもカーシェアリングをすれば、かなりの数の車が減り、車が少なくなること以外に維持費、ガソリン代などの点でメリットが大きいと思うのだが、これはかなり難しい問題だ。かつて、組合で農機具を共有していたことがあるという。しかし、壊れたときの責任問題、使い勝手から、いつの間にか、個人個人が購入するようになってしまった。田畑では所有価値から利用価値へと意識の転換があるのだが、この問題ではたしてどうか。暮らしやすい高齢社会のまちづくりを目指す私には、放っておけない問題である。

この地域には、かつては酒屋、自転車屋、タバコ屋、駄菓子屋があったが、今はなくなってしまった。車に乗れる世代は買い物は街中まで行くが、高齢の世帯は農協（ＪＡ）が行っている週二日の出張販売車に頼っている。ＪＡの出張所が閉鎖したことを受けて、二〇〇三年春、地域住民が出資したふるさと振興組合「空山の里」ができ、農協の旧米蔵を改装したすてきな店が誕生した。

買い物の機会が減るのは、私たちにとっては浪費が減る点ではいいことなのだが、お年寄りの買い物の楽しみがなくなり、気の毒な面がある。今もときおり見かける、お年寄りが孫や近所の子どもに菓子を買って与えるという光景は続いてほしいと思う。

私たち夫婦は隣の福知山市にある幼稚園に通う娘の迎えの帰りに、週一回ほどスーパーに立ち寄る。娘の送迎は送りが私で、迎えは妻の役目だ。

最近、妻が一生ものの手染の服を、私は娘にキャンプ体験をさせるために用具一式を買った。包丁でも漆器でも長く使えるのであれば高価なものを買う。要するに、お金の使い方も選択と集中だ。

一方で、妻が料理が得意なので、家での食事のほうがおいしいと思うことが多く、外食はほとんどしない。また、コーヒーも、家の庭先で飲むほうがおいしいと思うことが増えた。

引き算という考え方は、仕事に対する姿勢にも影響を与えてくれた。

私は、その仕事は自分のミッションに沿う「使命内」のものか、それとも「使命外」のものなのかと考えるようになった。使命外だからといってやらないのではない。自分がやるべきことなのか、他人でもできることなのかの判断、あるいは優先順位をつけられるのだ。さらには、今やるべきことなのか。そうでないのかといった判断ができるようになったのだ。

「選択と集中」という言葉がビジネスの世界でよく使われている。これは国家から個人まで、おそらく共通して言えることで、限られた人生を生きるにはとても重要なことだと思う。何にフォーカスするか、何にエネルギーを集中していくのか、さらに、それが大事になってくるだろう。

大切にしたい「生命」を起点にした食生活

「おいしいもの」追求ではなく、「おいしく」いただく

節約を考えるとき、食生活は和食であるほうがいい。健康面でもいいのではないか。

元気な長寿者の食生活は和食中心で、玄米を好んで食べるという。動物にはその動物に適した食事があり、それは歯の形で決まっているそうだ。人間には三二本の歯があるが、二〇本が臼状をなしている。これは穀物を噛み砕く歯とされている。肉や魚を引きちぎる歯は犬歯と言って、それは全体の一割強の四本しかない。残りは門歯で、野菜や果物を食べるための歯だ。

断食ダイエットで知られる石原結實《ゆうみ》医師によれば、この歯の割合で食材の割合（穀物六割強、肉一割弱、野菜、果物三割弱）を守ることが、理想的な食生活を可能にし、日本人は、この割合を守ることで、健康を保つことができてきたという。

わが家の食生活は「未来食」を基本に成り立っている。

未来食は穀菜食研究家の大谷ゆみこさんが提唱されたもので、雑穀、昆布、根菜類、自然塩を中心とし、健康を考慮した食事で、身体にいい調味料を使って雑穀、根菜類、昆布、発酵食品(漬物など)を食べるという考え方だ。ヒエ、アワ、タカキビなどを現代風にアレンジする。和、洋、中華、イタリアン、菓子も未来食の考え方で作る。餃子に入れるミンチの代わりにタカキビを使うのだが、充分に肉の触感がある。炒めた板麩《いたふ》はまるで肉だ。これはから揚げにもできる。娘も客人も抵抗なく食べている。

米は品種改良が進み、いわば飼いならされていて、肉や魚で言えば養殖のようになりつつあるといわれるが、雑穀には野生のパワーがある。今、人々に元気がないのは体内に野生のパワーを摂り入れていないからだとも言われている。

わが家では白砂糖は使わない。煮物には蜂蜜、沖縄の黒糖、みりんで代用している。あるいは、じっくり煮込んで甘みを出す。逆に塩を入れる場合もある。何から煮込めば甘みが出るかを研究している人から多くを学んだ。

正確に言えば、わが家はゆるやかな未来食ということになるだろう。米をたくさん食べるし（三カ月で六〇キロ。平均よりその消費は多いだろう。アワなどの雑穀を入れることもある）、魚は山口県下関市のつれあいの実家から、市場で買ったものを直送してもらっている。

肉や魚などの生鮮品を新鮮なうちに食べるとなると、一〇キロも離れたスーパーにこまめに行かなければならず、いろいろな面でしんどい。肉や魚の代わりに、栄養豊富で日持ちのする雑穀類を食事に加えると、身体の調子もいい。

わが家のエンゲル係数は高いだろう。基本的な調味料はこだわりのものだし、雑穀なども高い。自然食は高くつく。

一九九〇年に結婚して以来、私はつれあいに「X」探し（自分探し）をしてほしいと願ってきた。一九九二年に、つれあいは『いのちと食』情報センター（現在の「モモの家」）」を知り、そのスタッフの一員になる。「いのちと食」情報センターは、ぎのりえさんが代表を務めていて、生命と食にかかわる情報発信だとか、自然農、自然分娩などの勉強会を行ってきた。

私も生命を起点にして暮らしや人生、社会を見ることの大切さに気づかされた。ちょうどこのころ、私は自分の生き方を見つめ直していた。あとでこのことは述べていくが、現状に不満があったわけではないが、「今のままでいいのか。何か他にすることがあるのではないか」ということである。

「いのちと食」情報センターで自然農をしている人の話を聞く機会を得た。私と同じような人生観、価値観を持っている人が皆、農業に関心を持っていることを知る。それで、農業をやろうかという気持ちが、私とつれあいとの間に生まれた。と同時に、食にも関心を持つようになった。

農業に傾倒していったのは、環境問題を解くひとつの鍵だと思ったからだ。七年後に娘の誕生を見るのだが、それはわが家に未来食を本格的に採り入れてからのことである。

私たちにとって、「いのちと食」情報センターとの出合いは大きな意味を持つ。私は自分が出合うあらゆることは、何か示唆を与えてくれるメッセージだと思っている。子どもを授かったことはこの方向、つまり、生き方を変える、農業を始める、食事を変えるといった選択・決断でいいのだというメッセージと受け取っている。

つれあいはその「いのちと食」情報センターで、未来食を提唱する大谷ゆみこさんと出会い、未来食に心動かされた。大谷さんが東京で未来食を教えていたので、つれあいは約二年間、月一度、大谷さんのもとで勉強をした。

今、つれあいは大阪と京都で月二回、小さな教室を開いたり、出張教室をしたりしている。彼女は未来食だけでなく料理全般が好きなのだ。家族はもとより人々が食べもののことに関心を示し、健康的に幸せになってくれればいいというのが、つれあいの料理に対する基本的な考え方である。

これには、「おいしいもの」を求めるばかりではなく、工夫して「おいしく」いただくという発想が不可欠である。家族そろって食事をするのもそのひとつだ。未来食を含めた料理をみんなと分かち合うことが、つれあいの今の「X」だろう。

※注　娘も高校生と大きくなり、休んでいた料理教室をひさしぶりに二〇一四年、出張型で再開した。ケイタリングを依頼されることもある。子どもが大学進学で巣立つと、また次の「X」探しが始まる。

「七輪料理を極める」――つれあいのテーマ

二〇〇二年、つれあいと娘は幼稚園が夏休みになると、お店屋さんごっこを始めた。

「何屋さんをする?」というつれあいの問いに、娘の顔が輝き出す。二人で店の名前を考え、カレンダーの裏を使って看板をつくる。庭に七輪を運び出し、炭をおこす。醬油をたっぷりつけたおにぎりを焼きはじめる。香ばしい匂いが風に乗って、近所の子どもたちを誘う。焼きおにぎり屋さんの開店である。子どもたちは焼きおにぎりを頰ばりながら、「おいしい」と喜んでくれる。

つれあいと娘は、手づくり竹串にパン種をつけて炭火で焼くパン屋さん、みたらし団子屋さんも開店している。娘は起業意欲があるのか、ドーナツ屋さんの開業を夢みていた。お金をかけなくても、絵日記に書けるような毎日をつくり出せるのである。娘には四歳くらいから包丁を与えている。指を切った経験もある。つれあいと一緒になって卵を溶いたり、粉を練ったりしている。

木を切り出しナイフで削り、スプーンやペンダントをつくるのを教えてくれる人がいて、娘は今、それに夢中だ。私は流木を海や川で拾ってきてはオブジェをつくるのだが、娘も真似して創作に励むこともある。

つれあいの目下のテーマは七輪でおいしい料理をつくることである。七輪生活を極めたいと言っている。たしかに、七輪で焼いたサンマは実においしい。このへんの各家庭には七輪が必ずある。竹が増えてきたので竹炭焼きが行われるようにもなってきている。若い世代がいる家庭では、庭にテーブルやベンチ、椅子を置くようになり、バーベキューなどをして家族で食事を楽しんでいる。

「里山ねっと・あやべ」で地元新聞をつくった際、スタッフで新聞を二五〇軒に配布したので、各家の庭先を見る機会があったのだが、確実に変わってきたと感じている。

味噌づくりは、わが家の大切な行事

わが家の食の自給率は年々上がってきて、手づくり食材の白眉は味噌である。寒（一月末から二月中旬）に入ると、そろそろ味噌を仕込まなくてはとソワソワしてくる。わが家では朝晩の味噌汁は必需品で、これがないと娘から文句が出る。しかし小学校の給食に味噌汁が出る頻度を聞いたところ、月二回だというのでショックを受けた。

味噌づくりは二年に一度の大切な行事、「今年も家族が無事に過ごせますように」と願い、心を込める。昔ながらに薪で煮た大豆を杵と臼でつき、自然塩（東京大島の塩）と自家製の麹を加え、粒のある田舎風にする。昔は牛にも出産のあとに味噌汁を飲ませ、産後の身体を回復させたという。自家製の米とともに、味噌は家族の元気の素だ。

さて、つくり方だ。でき上がり味噌約七・五キロの材料は、米麴《こめこうじ》二キロ（白米二キロ+紅麴菌一〇グラム。米麴は市販のものもある）、大豆二キロ、自然塩〇・八キロ。道具はマツブタ、甕《かめ》、臼・杵《きね》、米麴製造機、杓子、竹の皮、さらし、紙、紐、重石《おもし》、大釜、薪《まき》。

米麴づくりから始まる。マツブタという長方形の木箱に蒸した米を入れ麴菌をまぶす。それを一昼夜、麴菌がつくることができる機器（電気で温度管理する。こたつでも代用可）で保温。

洗った大豆を三倍の水に一晩浸ける。家の軒下で薪を使い、その大豆を、大きな釜鍋で柔らかく煮る。茹でた大豆がまだ冷めないうちに麴と自然塩を加え、それを臼でつき混ぜ合わせる。細かくつくと粒が小さくなるので、大粒の状態を残して田舎味噌にする。よく混ざるように二、三回に分けて行う。塩の量が少ないとカビ発生の原因になり、失敗に終わることがある。臼、杵、甕はカビ防止のために熱湯殺菌する。

ついた大豆を大きな杓子ですくい、甕に叩きつけるように入れる。空気を出すためらしい。最後に表面を均《なら》し、カビ止めとして塩をする。竹の皮かさらしでピチッと表面を覆い（押し蓋《ぶた》）、重石を載せる。甕に製造年月日と材料名を書いた紙を貼る。甕の口は紙をかぶせ紐《ひも》で縛る。一カ月経ったら中の具合を見る。水が押し蓋の上まで上がっていたら重石を半分に減らす。

ひと夏超えると熟成し、味噌は食べられる。減塩のために塩の量を極端に落とさない限りほとんど失敗がないので、味噌づくりは自給入門にはいいだろう。

わが家は京都でのマンション住まいのころから味噌づくりをしていたが、保管する場所としては密室は不向きで、風通しのよいところがいいので、今の家（実家）に保管していた。

（地元流の）醬油をつくりたいのだが、製造を継承している人がいないのでそれができない。近いうちに挑戦してみたいとつれあいは思っている。手づくりは他に梅干し、もろみなども。餅つきも熱心に行っている。

自給と言えば、山菜取りがある。静岡県から移住してきた野草料理研究家の若杉友子さんに山菜の判別法、料理法を教えてもらい、フキ、タラノメ、ツクシはもとよりいろいろな山菜を食卓に載せている。若杉さんにはさまざまな民間療法を教えてもらい、医の自給も少しずつ可能になっている。

※注　若杉友子さんはご著書の出版ラッシュで、なかなか会えない人になっている。わが家と若杉さんの家は、広い綾部市のなかで端と端で、その間に信号はあまりないのに、車で一時間はかかる。お互い、講演で外に出ていることも多いので、年一回会えるといいほうだ。

米づくりは、家族、地域の人々との「共同体」としての仕事

農家総出で、米づくり開始

三月初旬、啓蟄《けいちつ》のころになると、田園がザワザワしはじめ、生命が動き出している気配が漂い、今年も米づくりが始まるという気分になる。

啓蟄とは旧暦（陰暦）上、一年を二四に分けた季節区分（二十四節気《にじゅうしせっき》）のひとつで、冬ごもりをしていた虫が穴を啓《ひら》いて地上に出てくる意である。

春分の日、農家総出で農道の傷みを修復する。この時はいわゆる「村仕事」で共同体を意識できる。各戸から一人出て四カ所（垣内《かいち》＝自治体内をさらに地理的な地区に分ける単位）に分かれ、それぞれがシャベルや鍬《くわ》を手に作業する。軽トラックで運んだ砂利を農道に敷き詰めることもする。八〇歳の人も黙々と作業に励む。私がおそらく最年少だろう。

岸焼きというのがある。畦《あぜ》や岸に火を入れ、草を焼き虫を駆除する。春の風物詩である。

三月中旬、**苗づくり**。井上吉夫さん（前出）がつくるポット苗を分けてもらう。井上さんは広い面積の米づくりをしているので、新規に就農した人たちが仲間をつくり、その手伝いをする。井上さんが米づくりの大変さや楽しさを学び合おうという考えを持っていて、私も二〇〇〇年から作業をさせてもらっている。それでこだわりのポット苗をわけてもらうことができる。

機械植え用の苗だと、苗の根が絡み合っているので、田植えの際に根が切れてしまう。根を切ると稲の成長が抑制されてしまう。ポット苗は小さな部屋（ポット）に二、三本の苗が根に土がついたまま収まっているので、根が絡み合うことはない。

田畑を潤す春雨が穀物の成長を促すという「穀雨《こくう》」（四月二〇日ごろ）のころに、村仕事である**「溝さらえ」**を行う。耕作者が集まり、溜池から田への水路の土や石を取り除く。

そして、下旬になるとトラクターや耕耘機で**田おこし**を行う。わが家は少数派である耕耘機を使用する。ほんとうは重油を使うので手作業にし、不耕起にしたいのだが、それには田が広すぎて重労働なので、なかなか踏み切れない。

草払い機を用いて畦や岸の**草刈り**も行う。うちの田んぼの一辺を刈るのに、約一時間も要する。ずいぶん慣れたが、草払い機の振動で、長い作業をすると手が震えてしまう。刈った草は集めて干し、それをのちに田に入れる。機械を使った草刈りは田植えの前から稲刈りまでの間、五、六回程度行う。

四月末以降、各農家はそれぞれ所有する田に水を溜め、**代掻《しろか》きの準備**に入る。代掻きとは、耕した田に水を入れたまま攪拌し、土の面を平らにすることである。わが家がある豊里西地区には溜池が大小約四〇もある。高い山もなく、川もない。水に苦労した地域なのだろう。

五月初旬、立夏を迎えるころに**代掻き**を始める。田植えをしやすくするために、水を入れた田を耕耘機でさらにドロドロの状態にする。最後に角棒を使い表面を均す。

畦塗《あぜぬ》りというのも行う。鋤《すき》を使い、左官屋さんのように畦に泥を塗る作業だ。乾いた泥が田の水漏れを防いでくれる。畦は水で壊れやすいし、モグラが穴を開けたり、人が歩いて壊れたりすることもあるので、強化の意味もある。古老がする仕事に、日本の農の技術（土木技術）の高さを垣間見ることができる。

このように田植えまでに細かい作業がある。田植えの直前は田んぼに一日出ていることも多くなる。

人力による田仕事が「家族協働」の喜びを教える

私にとって田んぼは思索空間である。畦で休憩を取りながらあれこれ物事を考え、そこで感じたことをいつも持参しているメモ帳に記す。

京都の銀閣寺近くに「哲学の道」があるが、田んぼも私の書斎みたいなもので、「哲学の田んぼ」と呼んでいる。田んぼは大事なことを思い出させてくれるし、人を育ててくれる。

水のありがたさを知り、実りのすばらしさに触れ、食べ物について考えさせてくれる。カエル、ヘビ、モグラ、さまざまな昆虫、小さな生命に思いを馳せることもできる。子どものころの家族という温もりを思い出すこともある。田植えに弁当を持参して家族で食べた、稲刈りのときよく梨をむいてもらった、などなど。

最近、主産物の米が実は副産物で、田んぼで過ごす時間、思索の時間が主産物ではないかと思うようになった。瞑想的な時間、たった独りの時間なのだが、そこで空を見たり、トンボを見たりという、そんな時間が私にとって大事なのだ。

田仕事はまさに家族協働の場であった。家族が力を合わせて「ひと仕事」に立ち向かい、それを終える。その協働の喜びを味わう。子どももそこにいるだけで、その一員になれた満足感がある。ましてや、ちょっとした手伝いでもすれば、喜びが倍増する。しかし、今のように機械に頼っていると、田んぼが家族労働の場となりえない。空中撒布型の田植えというのがあり、ショットガンのようなもので籾《もみ》をバラバラに飛ばしてあっという間に終えてしまう。その田植えを見たときにはほんとうに驚いた。稲刈りも二、三時間で終えることができる。「一〇時間農業」と言って、田おこしから稲刈りまで、最短で一〇時間でやってしまう米づくりもある。

五月二一日ごろは、二十四節気では小満《しょうまん》にあたる。小満は「陽気好調にして万物ほぼ満足する候」だという。

この小満をあと数日に控えるころが、**田植え**の時期だ。

わが家では井上さんからもらった苗で手植えを行う。手植えの苦痛は腰を屈《かが》めることである。

父、つれあい、声をかけた都会の友人たちと手植えをするのだが、手植えイベントと称している。五、六人いたら一人五列ずつ植えて、二反の田は約一日半で終える。畦でつれあいの手料理の昼食をとる。田植え終了後には家に戻り、小宴会を催す。

譲り受けた田植え機があるのだが、ポット苗だとそれに適合しないので使用できない。それに、機械植えは苗の間隔が狭くなり、稲にストレスを与えるという。間隔を広くとると風通しがよくなり、稲の生育にはいい。害虫による病気にも強くなるようだ。

田植えが終わると、田の水の量を各戸で管理する。外にも仕事を持つ人は出勤前、帰宅する際に田に立ち寄り、雨の日には効率的に水を溜める工夫をする。また、畦にモグラが穴を開けていないか、田をぐるりと一周する。

こうした日々の田んぼの観察を、先人は**「田見舞い」**と称したそうだ。また、「肥《こえ》かけ（肥料を入れること）」は「声かけ」だともいう。同じいのちあるものとして、人間には植物と感受し合う能力があるのだろう。

田んぼには、生命の多様性の発見がある

さまざまな生命が宿るわが家の田んぼに、娘が興味を示す

最近は生命の気配がない寂しい田んぼが多い。

きつい農薬を使っていれば当然そうなるだろう。植林、人工林に入った経験のある人はわかると思うが、そういった森林はただ鬱蒼《うっそう》としているだけでモノトーンな感じがする。ところが、雑木林には生命の息吹が感じられ、多様性がある。それと同じで、大半の田んぼはカエルがたまにいるくらいで、シーンと静まり返っている。

うちの田んぼにはいろいろな生物がいる。昆虫好きにはたまらないコオイムシ、ミズカマキリがいる。タニシやドジョウもいるのでサギなどの大きな鳥もやってくる。

娘は幼稚園で田んぼでの作業や泥んこ遊びをやっていて、よくザリガニを捕まえる。そのせいか、わが家の田んぼにいたく興味を抱いている。

水当番というのがある。一反あたり一回の当番をするので、私は二回、当番に出る。昔ほど神経質にはならないが、朝七時から夕方五時ごろまで、バイクなどで地域の田を見回り、水の管理を行う。水が少ない田があれば、岡ノ段池という溜池のノミ(栓)を抜き、出水し、水を入れる(所有者から依頼されることもある)。勤め人は有給休暇をとって当番を務めている。

昔の日本では水を巡っての諍《いさか》いが絶えなかっただろう。今はあっさりとしていて協力協調の下で水管理を行っている。

水で大事なのは、水をうまく貯水できる田をつくることである。秋の稲刈りまでに水不足があるかもしれないので、雨水で補給する工夫をし、溜池の水はできるだけ使わないようにしなければならない。溜池の水を「養い水」と言っていたそうだ。後世に伝えたい美しい言葉だと思う。

植物の生き残り戦略に驚嘆

九月初旬の稲刈りまで、**草取り**で、草と格闘する。

田植えの一週間後、手押しの除草機を苗と苗の間に走らせ、生えてきた草を水に浮かせたり、土中に埋めたりする。これを二、三回行う。これは酸素を土中に入れる効果もある。二反で一回の作業に三時間かかる。

手押しをしている農家はもう少なく、ガソリンエンジン型の除草機を使う家も数軒あるが、今は大半が除草剤を使用している。除草剤を使う農家は田の規模を大きくできる。除草剤を使わない「先進農家」では、草の発芽抑制効果がある米ぬかを田に撒布したりするなど、工夫を重ねている。

除草機だけでは雑草の成長の勢いに追いつかないので、手作業で草取りもする。稲への養分を奪うヒエ（食べられないオニヒエ、野ヒエ）やコナギ、イグサなどを手で取るのだ。これらを抑えられれば、無農薬栽培もおおいに可能である。

ヒエは稲の苗にそっくりで、素人ではなかなか区別がつかない。植物の生き残り戦略に驚嘆してしまう。やがて、ヒエは稲よりも大きくなり、種子を田に落とし、遺伝子を次につなぐ。

草を取ると稲の株が急に大きくなることがある。取った草は土中に埋め、再び根がつかないようにする。あるいは、田の外に出す。この草取りに費やす時間は多い。日中は暑いので、早朝や夕方に行う。

手作業主体の米づくりでつらいのが、この草取りと屈んでやる田植えだろう。「面倒なことをしないで、除草剤を使えばいいのに」という助言をいただくのだが、私は収量主義ではないし、家族が食べられる分だけつくればいいのだから、できるだけ自分の手で行い、収穫の喜びを実感したい。それに、家族の身体、環境、小生物の生命に対して災いを振り向けないためにも農薬を使用しない。農薬を使うときは、きっと農をやめるときだろう。

だからといって、周りが農薬を散布するのを嫌うことはない。私は気にしない。田んぼはつながっているので、バリアを張るわけにいかない。収量が少なくても、農薬を使わないほうがいいことは誰もがわかっている。わかっているけどやめられないのが現状である。九州の宇根豊さんが開発した害虫がわかる虫見表というのがある。減農薬という言葉を日本に広めた宇根さんは、田んぼの昆虫をもっと観察しようと説く。よく観察すれば、田んぼには益虫のクモだけでもたくさん暮らしているのだ。私は、クモやカエルなど、たくさんの生命が棲める田んぼを目指したい。

害があるのを知って農薬を使うより、害虫に負けない稲をつくれたらと思う。生命力がある稲ならば、健康な米がとれるはずだ。

合鴨《あいがも》農法を見に行って、草がまったくないことにたいへん驚いた。鴨が草や虫を食べ尽くし、田んぼが何もない状態になっていた。それで、最近は草不足になり、鴨の餌にあらためて藻系の植物をまいているという。稲だけの田んぼには少し疑問がある。さまざまな生命があったほうが稲にとっていいのではないかという仮説を私は持っている。

ヒエが生えていれば、害虫はヒエのほうが柔らかく好みなので、稲が守られるという人もいる。今、コンパニオンプラント、つまり、植物の共生が研究されている。たとえば、ある野菜の脇にニラを植えておくと、その匂いが昆虫を寄せつけないなどの研究である。

農薬、除草剤、化学肥料、種子がセット販売され、それで習慣的に農薬を使用している場合がある。また、農薬を使用していない米は買い入れてくれないという現実もあると聞く。有機農業で都会に直売の顧客を持っている人は農薬は使わない。せいぜい除草剤を一回使用するくらいだ。

田んぼは、鳥や虫のレストラン

私は田んぼに農薬だけでなく肥料もほとんど入れない。

鳥が来れば落とす糞が肥料になるし、昆虫が集まればその死骸が養分になる。草もエネルギーの結晶だから、土に還って循環する。私は鳥や昆虫が遊びに来る田んぼづくりを目指したい。田んぼは鳥や虫のレストランである。

夏の間は田んぼに出ている時間が長い。こっちの草を取っていると、すぐ別のところが生えてくる。その追いかけっこだ。父も手伝ってくれるが、田の草取りを便利屋さんに頼んだらどうかなどと言う。

稲刈りまで大変だが、それでも、幼稚園の夏休みには子どもキャンプに連れていくために、何日か家を空けることもある。水があって光があれば草は発芽するから、稲の株以外のところを紙で覆っている田がある。そういった工夫をしてもすぐに草は生えてくる。草を生やさないために深水にしておくという方法もある。これだと草が水面まで伸びてこない。合鴨がいいのは、水をかき回して太陽の光が届かないようにしているからだ。

都会の人に有給休暇を取って草取りに来てほしいと呼びかけようか、田んぼの脇に草取り募集の看板を立てたらどうか、と真剣に考えたくなるほど、草取りは頭を悩まされる問題だ。しかし、「追憶は麗しい」ではないが、思い出話に花が咲くのはこの草取りの苦労だ。

稲が大きくなると田んぼに入れなくなる。稲が顔や肌を傷つけるからだ。無農薬でやる人の中には、フェンシングの防具をつけて草を取る人がいる。稲が光をすべて吸収するくらい生育すれば、光が草まで届かないので草取りに悩まされることはない。田んぼに、植物の日照権争いがあって興味深い。

畦など、草刈りをしていったん更地にすることで万物に公平な競争の環境ができ、再競争を促す。刈らないと強いものだけが残り、単一になってしまい、自然界のバランスが壊れるのだ。

七月、稲が大きくなるまでは朝から日が傾くころまで計四、五時間は田に入っている。日中は暑くて入らない。その間、別の仕事をしている。太陽に合わせて作業をしているのだ。

立秋から処暑（朝夕の暑さも和らぎ初秋の気配が漂う候）のころの間（八月中旬）

に、地面を乾燥させるために田の**水抜き**をする。各田には水を抜くため、排水できるようになっている。わが家では一気に抜かず自然にまかせている。

「農」は人間教育の場だ！

新米の誕生にワクワク

九月初旬、旧暦では白露と言って、秋も本格的になり野草に白露が宿る候なのだが、実際は余炎さめやらぬ日々に閉口する。

稲刈りの時期である。バインダーという稲刈り機（親戚からもらった一世代前のもの。一列ずつしか刈れないが、刈って束ねてくれる）と手刈り（稲刈り鎌）との併用で行う。雑草が田の表面を覆っている場合には、機械は使用できない。手刈りで刈った場合、稲を束ねるのに前年の藁を使う。藁を濡らして使うことや結び方を、伯母に教えてもらった。

藁でくくり束ねた稲は四段掛けの稲木（鉄柱の三脚に竹棒を渡したもの）に架け、十日から二週間ほど天日干しにする（**はざかけ**ともいう。今では機械乾燥が多く、これを行う家も減っている)。

私が子どものころは、はざかけが一〇月半ばの秋祭りの時期まであった。雨が多い年は、架けた状態で発芽する「穂発芽」になったこともある。農業を始めて二年目、この穂発芽を経験した。生命力を垣間見た思いだ。はざかけは、その年の家の収量が一般公開されているようなものである。

わが家では敬老の日前後のころ、晴天が続く日を見計らって**脱穀**《だっこく》をする。村でいちばん遅い稲の収穫だ。

無料でいただいたハーベスターという機械を用いて、家族で作業をし、籾《もみ》にする。三時間もあれば終えることができる。藁は畑用、来年の稲刈り用に少し残し、あとは細かく刻んで田に戻す。天日干しをしない一般農家は通常、機械乾燥をする。乾燥していないと籾が腐り、長期保存できないからだ。

新米がもう少ししたら食べられるという段階なので、脱穀作業に熱が入り、ワクワクと楽しさを覚える。

脱穀後、**籾すり**を行うのだが、この作業は特別な籾すり機を必要とする。それはわが家にないので、友人の高橋輝《てる》さんに依頼する。三十代前半の高橋さんはもとは会社員で、退職して海外を放浪した経験を持つ。その後、綾部にUターンして専業農業についている。

最近は大きなライスセンターができ、そこで籾すりをしてもらえるが、他家の米と混ざるという。これは農家の意欲が落ちる一因だと思う。

これでいよいよ新米の誕生である。収穫量は現代農業（化学肥料、除草剤、農薬使用）をする家の六割程度だろう。

※注　その後、高橋輝さんは綾部市議にチャレンジ。二期連続トップ当選している期待の人だ。綾部にUターンしてすぐ、人から「輝さんに会え」と言われた。当時から、農業関係でもいろいろお世話になってきた。

食糧、エネルギーの自力調達を学ぶ幼稚園児

収穫後、わが家では小さな収穫祭を催す。新米はまず田植えや稲刈りを手伝ってくれた友人にお礼として宅配し、わが家の消費分以外は知人に購入してもらったり、物物交換の財としたりする。物物交換は、たとえば、米づくりをしない陶芸家と行って、

料理用の器を手に入れるのだ。これは来るべき未来の理想形と感じている。

新米は旧米（前年の米）がなくなりしだい食べる。わが家では食べる日に精米機を使う。籾のままで保存すると長く品質が保て、いざというときの種籾（種子）になる。

稲刈り後、通常は**秋の田起こし**をし、トラクターで稲の切り株を土中に埋めるが、私はできるだけそのままを心がけている。草が生えていれば田んぼは休みで、起こしていれば使っている田んぼ、それでいいと思っている。今、流行っているのが冬季にも田んぼに水を張っておくことだ。

田植えや稲刈りは、娘が呼んだ友だちが一緒になって手伝いをしてくれる。幼稚園では園児たちが米づくりを体験する。収穫祭を行ったり、田んぼを貸してくれた家にとれた米を配りにいったりしている。

幼稚園では、面白い行事があり、園児たちが昔話に出てくる柴刈りのおじいさん、おばあさんの格好をして、山に入るのだ。拾い集めた柴や小枝を新聞紙で包み、それを先生たちに背負わせてもらって戻ってくる。自分たちがつくったサツマイモを、その柴や小枝を使って焼きイモにし、皆で頰張る。

食糧、エネルギーを自分たちで調達することが学べ、とてもいいイベントだと思う。

家族が持つ機能とは何か？

人は大人であれ、子どもであれ、自分が誰かの、何かの役に立っていることが実感できればうれしい。私も、子どものころ、田んぼで少しの手伝いをしただけで、親から「ありがとう」「助かった」などと言われて、自分が大人になったような気がしたことを思い出す。

かつて田舎では、子どもは貴重な労働力だった。自分が家族にとって大切で、必要な存在だと自覚できた。家族愛はこのようなことから生まれるのだろう。

また、親は子どもの成長につれ、いろいろな仕事を与えてくれた。たとえば、鶏の世話だとすれば、群れの中で、競争力に乏しい鶏にどう食べさせるか、外に放していた鶏を鶏舎に戻すとき、群れのボスを最初に追い詰めればいいと言ったことを、子どもは自分なりに工夫し、学ぶ。こうした実体験のなかから、子どもは知恵を発達させた。

私の家には両親、姉、そして祖母がいた。三世代が力を合わせる農作業に、家族が「生命」と「もの」を再生産する場であることを無意識のうちに教えられた。

家族愛、家族協働で自らの食をつくり、いのちをつないでいく。つまり、生命を起点にした暮らしである。

このことを教えられるのが家族であり、家族が本来持つ最大の機能である。しかし、都会生活ではそれが失われる。いや、田舎でもそうなりつつある。

ところで、綾部でも大規模農と自給農の二極化になっている。移住者は自分のところ、プラス友人、知人に少し分けてあげられるくらいの農業しかしていない。やりすぎると本業（「X」）に影響するからだ。みんなそれぞれ折り合いをつけている。

わが家の畑では、前述したサツマイモ、豆類の他に、ニンジン、ネギ、ダイコン、カブラ、キュウリ、ナス、トマト、ジャガイモ、ニガウリ、ゴボウなど、和食の素材となるものを中心に、無理のない範囲で栽培している。

第三章　きっと見つかる！　自分という魅力に満ちた原石

「好きなこと」と「役立つこと」の調和――「半X」が目指すもの

「ないものねだり」から、「あるもの探し」へ

七〇歳にして「農家民泊」を始める——「福業」その一

他人の「X」を応援するという私のおせっかいがきっかけとなり、一人住まいの芝原キヌ枝さんは農家民泊という大きな「X」を花開かせていく。農家民泊希望者の受け入れ先になってくれたのだ。

芝原さんは現在七〇歳。受け入れ先となって一年、「里山ねっと・あやべ」のホームページ、口コミによって田舎体験の希望者はあとを絶たない。

芝原さんは自宅に「素《そ》のまんま」という屋号をつけた。「そのままのあなたでいいのです。本来の自分になれますように」という願いが込められている。いわば「宿の女将《おかみ》」である芝原さんもいっさい飾らず、普段のままで旅人を出迎える。

「素のまんま」は綾部の北の東端、山間《やまあい》の五泉《いいずみ》町にある。この地域はホタルが多く、

山椒魚もいると言われている。地名が五泉というくらいだから、あちこちから水が湧き出ている。コーヒーを湧き水で楽しむという人もいる。藍染を楽しむ人は湧き水で濃い藍を出す。ときには五〇頭前後のサルの群れが出没する。幹線道路から外れていて車の通りはほとんどない。もちろん携帯電話は通じない。

改修を重ねた家だが、築一一三年の趣きを失っていない。土間がある、薪で焚く五右衛門風呂がある。蔵を改装し茶室のような空間にしている。庭にある綾部銘木百選に入った二本の木が悠久の時間の流れを感じさせる。その木陰で飲む抹茶はおいしい。ビジネスではないので、体験費は実費程度で、夕食と、翌日の朝食を芝原さんとともにする。料理のほとんどの食材に裏山で採れた山菜、畑でとれた野菜を使用している。「素のまんま」では畑仕事、フキ採り、サンショ採り、栗拾い、藤蔓《ふじづる》を使った籠編み、カントリーウォークなどの田舎体験ができる。季節にも依るが、お客の要望があれば、ホタル狩り、カブトムシ取りも可能だ。

「素のまんま」を訪れた人は、食事をともにしながら芝原さんと話をするのが楽しいという。昔の暮らし、自然との共生、環境問題、果ては人生相談で盛り上がる。芝原さんとの話が楽しくてリピーターになる人も少なくない。

こうなると、まるで親戚を迎えるような関係ができあがる。「素のまんま」のなによりのおもてなしが、芝原さんの人となりだ。

「里山ねっと・あやべ」で綾部市市制施行五〇周年記念事業として、綾部における「こころの風景」をテーマにしたミニエッセイを募集したことがある。それに芝原さんが応募したのがきっかけで、私は芝原さんと縁を持つことになった。印象的な文章を書かれた芝原さんに会ってみたいと思い、芝原さん宅を訪ねたのである。同じ綾部でもわが家から車で約一時間かかる。

「広い家に一人だから、都会の人が遊びに来てくれたらいいのに」と何気なく漏らした芝原さんに、私は農家民泊の受け入れを勧めたことで、綾部における初めての常時受け入れ先が誕生した。それまでに「田舎暮らし体験ツアー」を行って、農家民泊実現の可能性を探っていた経緯がある。綾部には田舎で泊まれるところが少ないのだ。ゆっくり行きたくても日帰りになってしまう。

「素のまんま」は新しい生きがいだと、芝原さんは言う。思いがけない生きがいを見つけたから、毎日が楽しく生き生きと過ごせる。「あれもできる」「これもいいかもしれない」とアイデアがどんどん湧いてくるという。

芝原さんは自分で農作業をしているが、今は食べる分だけをつくる規模に田畑を縮小している。裏山にある畑は自分に戻れる大事な空間のようだ。

芝原さんは、広く古い家、五右衛門風呂、里山の自然環境、そして、社交的で人が好きな性格などすでに「あるもの」を活用して都会から人を呼んでいる。つまり、とりたてて気に留めることのなかった日常的なものを活かして「X」にしたことで、生きがいになる仕事にした。それで芝原さんは輝きを増した。この生き方こそ、高齢社会においても幸福感、充実感を持って生きていける「半農半X」の真価と言えるだろう。私たちの周りにはこれらはすでに「ある」のだろう。

数年前に亡くなったご主人が一〇年分の薪《まき》を残していった。芝原さんとは、「『薪がなくなるまで、この仕事を続けなさい』というご主人のメッセージかもしれないですね」と話している。

私はその芝原さんに、次の訪問客のためにということで、旅人が裏山で五右衛門風呂の燃料用に柴や木々を拾うのはどうか、と提案している。そうすれば、農家民泊を一〇年どころか、もっと続けられる。何か大事なことを若い世代に伝えられる。常設の農家民泊の受け入れ先の確保は緒についたばかりだ。私の「X」はそんな空間を綾部に増やすことである。それはなぜか。人生をゆっくり考えたり見つめ直したりする時間を一人でも多くの人に持ってほしいからだ。それはきっと生涯の宝物になる。日本の至るところの田舎には何もないぶん、そんな可能性がある。

都会から田舎に、旅人がやってくる時代になった。

農家民泊はある意味で、革命的な大発明のように思える。なぜなら、自分を静かに振り返る思想空間が、今この国に必要だからだ。

※注　いつまでもお若い芝原さんだが、年齢を聞くと、八〇歳を超えられたそうだ。いつまでも「素のまんま」を続けてほしかったが、引退はとても残念だ。文庫版の刊行をきっかけとして、あえて書かせていただくが、ほんとうに芝原さんと出会えてよかったと思っている。亡き母のかわりのような大事な人だ。いつまでも元気でいてほしい。

「八〇歳になって、初めて人に教える先生になった」――「福業」その二

八〇歳の志賀政枝さんは、蕎麦《そば》ぼうろづくりの講師になった。

「八〇歳になって初めて人に教える先生になった。あと一〇年はがんばれる」。自分

の「X」を見つけた志賀さんの感想である。

志賀さんは市街に近い田野《たの》町に住んでいる。私がその町で道に迷った際、知り合った人である。

庭にアワらしき植物がある家があり、その家が志賀さんのお宅だった。たまたま居合わせた志賀さんに、「珍しいですね。アワですか」と尋ねた。私の住まいが鍛治屋町だと知った志賀さんは懐かしそうに、実家が隣町にあると言う。意気投合し、以来、交流を持った。そのとき志賀さんからご馳走になった蕎麦ぼうろがおいしく、だれかれとなくそのことを触れ回っていたところ、つくり方を教えてほしいという声があちこちから上がった。

志賀さんは休耕田を利用して自ら蕎麦栽培をし、蕎麦を打つのを生活の一部にしていた。二〇〇三年二月、志賀さんの八〇回目の誕生月に、里山交流研修センター（旧豊里西小学校）で「あやぼうろ塾」と銘打って蕎麦ぼうろづくり教室が開催された。地域の文化、知恵の継承を目的に寺子屋を主宰する村上章さん（綾部の地域通貨「ゆーら」を発行する「ゆーら企画」共同代表）の呼びかけで実現した。

志賀さんの蕎麦ぼうろには「あやぼうろ」というブランド名がある。そのおいしさ、懐かしさに感激した四方八洲男《しかたやすお》・綾部市長が名づけ親だ。

多くの人たちから「つくり方を教えて」と声がかかり、それが人の役に立つと知った志賀さんは生き生きとして、新たな手づくり菓子にチャレンジしはじめている。志賀さんは食の大事さ、手づくりのよさを周りに伝えたいと思っている。高齢者にとって、自分がまだ人の役に立つということは嬉しいし、また誇りを持つことができるし、活力が生まれることだ。

芝原さん、志賀さんとも、コーディネーターがいれば、それは「福業」、ハッピービジネスになりえる。

収入以上に、活力、張りといったものは、高齢者にとってかけがえのないものだと思う。だから、「福業」であり、これからの社会での理想的な仕事である。

※注　志賀さんの蕎麦ぼうろは、甥夫婦が勤めるあやべ作業所の「ともの家」が「あやぼうろ」として、市内外で市販されて、人気商品となっている。パッケージは和紙職人であり、デザイナーとしても引っ張りだこのハタノワタルさん作。志賀さんも齢《よわい》を重ね、九〇代となられている。

「よい地域」の条件とは？

今という時代は「ないものねだり」をするのではなく、「あるもの」を探して活用する時代である。私たちには見えていないだけで、もうすでに「ある」のだ。

あたりまえと言えばあたりまえなのだが、田舎暮らしツアーに参加してくれた板前さんが、「料理はあるもので充分つくれる」と言うのに、私はあらためて感心してしまった。畑や庭にあるもの、冷蔵庫にあるもの、戸棚の奥に眠っている乾物などだけでも、味噌、醬油、塩といった基本的な調味料があればだいたいの料理はつくることができるという。

「素材×組み合わせ」でなんでもできるというこの発想は、暮らしや社会における問題を発見し、解決することにおおいに役立つ。

人も同じだろう。一人ひとりの「X」を組み合わせると、多様性に満ちた解もきっと生まれるだろう。

今、農村や地方都市に、新しい地域づくりの手法として「地元学」が浸透している。

地元学とは、地元に暮らす人（土の人）にとってはあたりまえにある地域資源や、生活・生活文化の価値や意味を、外部の人（風の人）の視点を借りながら、掘り起こし、地域づくりに活かすものだ。公共投資や企業誘致などの外部の力に頼らないことを前提にしている。

住民自身が当事者になって、「あるもの探し」から始めることに大きな意味がある。地元学は、私が心ひそかに師と仰いでいる仙台在住の民俗研究家、結城登美雄さんと、熊本県水俣市在住の地元学事務局長の吉本哲郎さんがほぼ同じころに提唱したもので、その歴史はまだ一〇年ほどと浅いが、注目される手法だ。

農文協の雑誌『増刊現代農業』編集主幹の甲斐良治さんが、地元学について次のような解説を加えている。

「地元学は『ないものねだり』ではなく、『あるもの探し』だ。大都市をうらやみ『ここには何もない』と嘆くのはやめようと、結城氏は『意識の遠隔対象性』からの、吉本氏は『アイデンティティー閉塞症』からの脱却を説く。前者は身近なものよりも遠く隔たったものに価値の対象を求める心性、後者は地域の個性を把握できず、変化や外部の意見を無前提に受け入れたり、逆に話も聞かずに頭から否定をしてしまうことだ。

金が第一義の経済活性化では都市の豊かさしか見えず、地域は『ないものねだり』をするしかないが、金以外の自然風土、生活文化、コミュニティ、金にあくせくしない生き方など、地域に多様にある価値に目を向け、掘り下げれば、地域固有の豊かさが見えてくる。

その実践は誰でもできる単純なもの。土の人と風の人が地図やカメラや色鉛筆を片手に地域を歩き『水のゆくえ』を調べ、植物や食べもの、遊び、家や畑、自然神などの写真を撮り、地図に張りつけ『地域資源カード』や『地域資源マップ』をまとめて話し合うことから始まる」

結城さんはよい地域の条件として、「よい自然や習慣、仕事、学びの場があり、住んでいて気持ちがよく、友だちが三人はいること」を挙げ、吉本さんは「地域の暮らしを楽しみながら、生命の存立する基盤であり、将来の預かりものである思い出の海・山・川を守り伝えることが可能な地域経済社会をつくりたい」と、地元学による地域づくりの夢を語る。

地域マップづくりで、地域を見つめ直す

わが豊里西地域（旧学校区）でも、ファンタジックなイラストで「とよさとにしつばさがはえるちず」をつくり、地域の宝探しに努めた。制作を一手に引き受けてくれたのは、友人のイラストレーターの高美代子さんだ。

二〇〇〇年、「まきどき村」の拙宅で西田卓司さんの小講演会が行われた。縁あって高さんが参加した。それ以降、高さんは何度も綾部に来られる。多くの人との出会い、心癒される「里山的風景」が高さんを魅了した。市の農林課から「里山ねっと・あやべ」に地域マップの制作依頼があり、それで、「里山ねっと・あやべ」は渡りに船とばかりに、取材からイラスト、デザインまでのすべてを高さんに引き受けてもらった。そして一年弱ほど、私は拙宅の離れに高さんを誘致した。

このころ、「ないものねだり」の二〇世紀は終わり、地域にすでに存在、または潜在する宝（資源、遺産、経験、記憶）に光をあてて、「あるもの探し」によって地域を見つめ直す時代と言われはじめ、地域マップづくりが全国で盛んに行われていた。

高さんはまず、現地で、あるときは旅人のように、あるときは住人のように朝夕の

空気を吸い、光や風を感じ、スケッチブックを持って歩き始めた。高さんは大好きなお年寄りと会話を重ね、貴重な話を掘りおこしていった。予定の三時間を話しても話題が尽きない。話し込んでいくとお年寄りの顔がどんどん輝き出したという。

高さんは既存の地図を眺めていて、旧小学校区の地形が、鳥が翼を広げた姿に似ていることにヒントを得、「一人ひとりの『可能性の翼』がはえる」をコンセプトに、世界でたったひとつしかない地域マップ「とよさとにし　つばさがはえるちず」を完成させた。

高さんという外からの目を借りることで、小西町で盛んなお茶づくり、鍛治屋町の花しょうぶ園、小畑町・空山グループの「小畑みそ」、地域の豪族である小畑六左衛門の民話をはじめたくさんのものに光をあてることができた。地図には、高さんお勧めの鼻歌スポットやお弁当スポットもある。この地図は「地元学的手法」と「自分探し」の要素を加えており、読んでいて癒されると好評だ。地域にもきっと「X」があるのだと思う。

余談だが、娘が絵を描くのを好きになってくれたのは、高さんのおかげだ。今、高さんも自分の「X」と向き合っている。

綾部には、城下町の面影を伝える町家や、里山で目にする古民家が数多く残っている。これらのいわゆる古民家は「つくる知恵」や「住む工夫」「匠《たくみ》の技」が詰まった玉手箱だ。魅力に満ちた古民家は取り壊してしまえば、再生するのがたいへん難しい。今、これらの古民家を綾部の宝・誇りとして見つめ直し、綾部の歴史とともに次世代へ受け継いでいきたい。これも「あるもの探し」のひとつだと言える。

個人的なビジョンだが、綾部にこのような地域マップが二〇もあれば、最先端のまちづくりも可能になるだろう。一億円のふるさと創生が今再びあれば（もう決してないだろうが）こんなお金の使い道があるだろう。

私たちがつくった地図に刺激され、口上林《くちかんばやし》地域の中高生の「楽学塾」が一年半かけて「のんびりゆったり　くちかんばやし」というすばらしい地図をつくってくれた。

※注　高美代子さんは、結婚し、田谷という姓となる。首都圏でイラストやデザインの仕事に励んでいる。私の一人出版社「半農半Xパブリッシング」の記念すべき一作目の本、新装版『半農半Xという生き方　実践編』の装丁とブックデザインでもお世話になった。

「里山的生活」――オンリーワンのまちづくり

お年寄りへの勇気づけ――五〇円でできること

「里山ねっと・あやべ」は二〇〇〇年、綾部市市制施行五〇周年を記念して設立された。従来の箱物ではなくソフト化路線によって、地域の活性化を図ろうということで始まったのだ。代表は新山陽子・京都大学大学院農学研究科教授である。

前年、市役所が五〇周年に向けて市民まちづくり企画を募集した。私は「心の時代に、綾部は何ができるか」というテーマで四本の企画で応募した。「一人暮らしのお年寄りをハガキで勇気づける事業」「世界の座右の銘・座右の書ミュージアムづくり」「綾部で二一世紀的な生き方をしている人の人生を本、冊子にする」などの提案だ。それがきっかけとなり、「里山ねっと・あやべ」の立ち上げから参画することになった。

ハガキでの勇気づけは実際に始動している。市民課（現在は高齢者介護課）の事業として公募のボランティアが月に一度、お年寄り一、二名にハガキを出す。ボランティアは個人が六九名、小中学校などの団体、グループが九つ。対象のお年寄りは七〇歳以上で、四一五名いる。

私は七十代前半の女性二人を担当している。

「山菜採りのシーズンになり、山菜に関心を持つようになりました。毎年食べられる山菜が増えていきます。昔の知恵（調理方法）を教えてくださいね」

「田の草取りの季節です。除草機（手押し車）を押して、無農薬の米づくりをがんばっています。二宮尊徳の歌『この秋は　雨か嵐か　知らねども　今日のつとめに　田草とるなり』を口ずさみながら取っています」

などと、季節のこと、祭りのこと、昔の知恵などをハガキの内容にしている。ここから交流が生まれたり、新しいアイデアが生まれたりすることもある。郵便配達の人もそのハガキを配達する際には、声をかけて手渡ししてくれる。この事業は総務大臣から賞をもらっている。

将来の夢としては、ぜひ座右の銘・座右の書（本）を集めたミュージアムをつくりたい。古今東西の著名人から市井《しせい》人までのそれを集めたミュージアムで、宿泊スペースもカフェもあるといい。生き方に迷っている人が世界中から綾部のそのミュージアムにやってくるのだ。そして、何かを見つけて新しい旅を始められればいい。

綾部には黒谷《くろたに》和紙があるので、その素材を活かして見せ方を工夫したい。書家や子どもに座右の銘を書いてもらうのもいいだろう。また、座右の書を持つ人から「人生の一冊」を寄贈してもらって、それを陳列できる空間があればいい。その実現には空間が大きな問題になるが、古民家活用も面白い。綾部をそんな精神空間にしたいという願いからのアイデアだ。

都会からの移住者の積極的受け入れ

二一世紀の生き方、暮らし方を模索し、自然の中での暮らし方を求める人が増え、世界の確実な潮流となってきている。そのような時代にあって、綾部市には清流由良《ゆら》川、里山・田園空間など、都会にはない恵まれた自然環境が多く存在し、京阪神からの交通の便もよく、適度な距離（車で二時間弱）があるため芸術家などの移住者も多い。移住者で言えば、潜在的な移住希望者はかなりの数に上ると推定できる。

「里山ねっと・あやべ」ができるまで、綾部市には商工観光系の情報提供サービスはあっても、「自然・田舎暮らし系」の観点からの情報を提供できる専門機関がなかった。

そこで、綾部での田舎暮らしに関心がある人や、終《つい》の棲家として綾部への移住を考える人が気軽に立ち寄れ、実際に綾部にU・J・Iターンして暮らす人々や市民と交流・情報交換をしたり、二一世紀の生き方、暮らし方への思索を巡らせたり、「里山的生活」や二一世紀のまちづくりを探求したりする空間の必要性を感じ、「あやべ田舎暮らし情報センター」を構想、二〇〇一年に開設した。空き家情報、森林ボランティア、石窯パン焼き体験など、田舎暮らしに密接な関係があるさまざまな情報提供、催し物の支援を、「里山ねっと・あやべ」で積極的に行えたらと願ってつくったものだ。

「里山ねっと・あやべ」は、自然に恵まれた綾部市の「里山力」(豊かな自然、美しい里山的風景など)、「ソフト力」(多様な里山文化、経験や知恵、芸術文化など)、そして、個性あふれる「人財力」(夢や想い、志、精神性、人柄など)の「三つの力」を活かし、オンリーワンのまちづくり、まち育てを目指して設立された。

綾部独自の「都市との交流」（二一世紀の旅＝他火《たび》）をコーディネートしたり、二一世紀の生き方、暮らし方のひとつのモデルとして、「里山的生活」を探究し、市内外にライフスタイルを提案していきたいと、個人的には考えてきた。

「他火」とは旅のことだ。旅は、「もともと他者に火（愛や慈しみ、力、勇気）をもらいながら歩行を進め、世界を、自分を発見する文化的仕掛けである」という。「里山ねっと・あやべ」の初期、私は「都市との交流」を「他火」と表現してきた。綾部はそんな精神が似合う空間だと考えるからだ。

環境問題などの「二一世紀問題群」を抱え、無限の資源、地球を大前提とした時代は終わりを告げたと言われる今、有限の資源、地球を認識したサステナブル・コミュニティ（循環型社会、持続可能な社会、エコシティ）の創出が急務と言われてきた。そのような時代にあって、高度成長期から今日まで忘れられた存在であった「里山」の持つ恵みの大きさ、資源循環型のシステムが見直されている。また先人が自然風土から学び、伝承してきた地域の有形無形の文化遺産、多様な「里山文化」の保全・伝承が急がれる。

心の時代の今、人々はますます自然に回帰していくだろう。そんな時代に綾部はどんな貢献ができるか。綾部の役割とは何か。それを哲学、思索することが今も、これからもとても大事な仕事になると思う。私はこれからも「綾部とは何か」についての探求を深めていきたいと思っている。

「里山ねっと・あやべ」の初期はこんなことができたらと考えてきた。それは以下のようなことだ。綾部の地域資源（自然、生物、民俗文化、伝承、知恵、ソフトなど）の再発見・再評価を行い、「点在する知（知恵）や情報」を、「生きる知（知恵）や情報」「価値あるソフト」に進化、創造させ、後世に伝承する。

個性あふれる人材の有する知恵や情報、ソフト、人脈を結集し、二一世紀の綾部づくりの原動力となるようデータベース化し、オープンソース（開かれた知）として世界へ発信し、「綾部という開かれた舞台」をみんなの宝物として、世に活かし合えるまちづくりを行う。

魅力的な「人、ソフト、里山（自然）」の「二一世紀綾部地域資源」を活かして、都市と田舎をつなぎ、交流人口増や定住増（未来市民づくり）を、また、コミュニティの自信回復、夢や生きがいづくりの事業を行う。綾部の地域資源（人、ソフト、自然）を、コア・コンピタンス（社会の中で勝負できる強みや切り札）に育て、二一世紀の綾部の可能性を拓く価値、ソフトに育てていく。

志は高いが、スタッフの数が少ないで、市内外の多くの人々にブレーンになってもらいたいと願う。

※注　「里山ねっと・あやべ」は二〇〇六年三月、NPO法人として認証され、新しいスタートを切っている。旧豊里西小学校（綾部市里山交流研修センター）の指定管理者として、都市交流、地域の再生などに取り組んでいる。

綾部に「一万の物語」を誕生させたい

森林ボランティアは京都府綾部地方振興局、市農林課、「里山ねっと・あやべ」が応援するもので、「フェアリー・オブ・グローブ（森の妖精）」という愛称を持ち、毎月一回行われる。一回あたりの参加費は一〇〇〇円、年会費は四〇〇〇円だ。

二〇〇三年三月に行われた「フェアリー・オブ・グローブ」には、いつものメンバーに加え、インターネットでこの催しを知った兵庫の女子高生が、教師とともに飛び入り参加した。

山林の手入れの他、二〇〇本のクヌギなどの広葉樹に、シイタケ、ヒラタケ、ナメコ、エノキダケの植菌作業をした。前年に菌打ちしたシイタケがたくさん収穫でき、森林ボランティアの活動資金にしようという話が持ち上がった。

いま日本の里山では植林の間伐と竹の繁殖という二大難問を抱えている。この日はその竹を使って、地元小畑町の村上昭治さんの指導で竹箒づくりを行った。

「里山ねっと・あやべ」ではこれまで三回の「田舎暮らしツアー」を主催した。二〇〇一年七月の「あやべ田舎暮らし・初級ツアー・夏編」が第一回目だ。参加者は京阪神の夫婦、親子、二十代の友だち連れなど二六人。一〇軒の民家に二日間泊まり（農家民泊）、紙すきや草木染め、蕎麦打ち、農作業体験を楽しんでもらった。参加者は、都会で家庭菜園をしている人も多く、農業になんらかの関心を持っていた。

田舎の民家に泊まり、農作業や芸術体験を通して田舎暮らしを理解してもらうと同時に、綾部を知ってもらうのが目的である。わが家も何度も自宅に受け入れ体験をしている。

最初、受け入れの民家にとまどいもあり、旅館のように夕食に刺身を出してしまうところもあった。肩の力が抜けてくると、漬物だとかこの地の素朴な料理を出せるようになる。旅人はそれを求めていることが対話で分かってくるからだ。

　農家民泊は農家をはじめ一般の民家に宿泊し、あるがままの田舎の暮らしを体験するという新たな旅のスタイルである。これはヨーロッパではすでに一般的になっている。長期バカンスに都会の人々が自然豊かな田舎に滞在し、その地域の人々と交流し、その地の自然や文化、工芸技術、食に触れる旅を楽しんでいるのだ。

　日本では、大分県北部に位置する宇佐郡安心院町《あじむ》（現・宇佐市）が農家民泊の先進地である。綾部で田舎暮らしツアーを行う前に、私は視察に行かせてもらったのだが、綾部と同じような風景なので、仕掛け方しだいで成功するという自信を持った。地元素材を活かした料理はもちろんだが、畳の上で大の字になって寝られるような空間を用意することが大事だと思った。

　参加者の中に蕎麦打ち職人がいて、その腕を披露してくれた。その人は、田舎の古民家を利用した店を開くのが夢だった。二〇〇二年秋、念願かなって綾部に移住し、夢に向かってチャレンジを始め、「そば匠　鼓《つづみ》」を開店させた。

　農家民泊では、このように誰かが先生になったり、あるいは、芝原さんのように人生相談役になったりすることがしばしばある。受け入れ先の家族は参加者と食事を摂る。その際、若い参加者に「結婚はするべきですか」などと聞かれたり、農業や料理についての指導、田舎暮らしの心がまえなどや村について話したりする。

観光とは「光を観せる」と書くが、それは旅先で知る人のやさしさ、温かさともいえるのではないだろうか。たとえば、旅先で知り合った人がつくった漬物に、自分のふるさとや、親、子どものころのことなどが思い出されるはずだ。旅は自分の原点に回帰することができ、自分を見つめ直すきっかけを与えてくれる。

理想は体験をメニュー化しないことだと思っている。サルの群れが出てくればウォッチングする、雪が降れば雪合戦をする、星がきれいに見える地だから夜空を眺める。そのとき、その場にこうして自分がいることの不思議さ、尊さ、嬉しさなど、偶然性の価値を参加者に見つけてもらえればいいのであって、こちらで楽しませる準備はあまりしなくていいと考えている。路上観察学ではないが、参加者が自分たちで楽しみ、喜びを見つけられたなら、都会に戻っても楽しく暮らす工夫ができるのではないだろうか。そうして新しい眼差しを得れば、どこにいても、そこが人生の楽園になるのだ。

さまざまな活動をしていくなかで、あるとき、私は「一万の物語」が生まれたらい、とふと思った。「里山ねっと・あやべ」がきっかけとなって、綾部の里山を舞台にたくさんの物語が生まれればいい。

何人の人がこの地を訪れたか、何がどれだけ売れたか、ということ以外にもっと別の指標がないものだろうか。そんなことを考えていたら、物語の数はどうだろうと思うようになったのである。

「里山ねっと・あやべ」が生まれて、すでにたくさんの物語が誕生している。石窯《いしがま》でのパン焼き体験が水田裕之・さかえ夫妻の縁結びとなったり、田舎暮らしツアーに参加した蕎麦打ち職人が移住開業したり、一年に二〇回以上も綾部を訪れる神戸の綾部マニアの徳平章さんがこの地の魅力を写真に収め、地元の文化祭に出展したり、地元の食品加工グループ「空山グループ」のために手弁当でポスターを制作してくれたりと。このような物語がたくさん生まれ、いつしか伝説の地になればいいと思っている。

一〇年以上前から、ビジネスの世界では「物語マーケティング」が常識化している。消費者の琴線に触れるには「物語」が必要なのだ。まちづくりにも同じことが言える。しかし、物語はちいさなものでもかまわない。一万の物語を編む。小さな村やまちでもそれは可能だ。物語という希望はきっとこの国を変えていく。

「一粒のタネ」から人間を考える

種苗会社の掌の上で「農」をしていることに愕然

「里山ねっと・あやべ」での仕事は、公レベルでの私の「X」である。個人レベルでは、もちろん「半農半X」の提唱が最大の「X」で、私の看板商品ともいえるものだ。民間のシンクタンクとして、自宅を半農半X研究所としている。私より二歳上の後藤雅晴さんがホームページの作成・管理を手伝ってくれた。後藤さんは農的暮らしを夢みて、一九九八年にパソコンメーカーを退職し、大阪から兵庫県に移住して自給農を始めた。後藤さんとは丹波で開催された「若いもんの百姓出会いの会」で知り合った。これからの生き方のひとつとして、「半農半X」に共鳴してくれた。

後藤さんはそのとき、コンピュータと農業がなかなかつながらなかったと言った。しかし、「半農半X」を知り、コンピュータがそれをサポートできると考えるようになったのである。

作家、翻訳家で「半農半著」の星川淳さんには、半農半X研究所のアドバイザーになっていただいている。

半農半X研究所を本格的に始める前に、私は「たねっと」というNPO活動を始めた。この発足は研究所より二年早い一九九八年である。タネ（在来種）に関する情報を冊子にして、二〇〇名ほどの会員に提供してきた。

私は会社勤めをしながら綾部の実家で自給農を始め、わが家の食卓に自家製の米や野菜、味噌や漬物、そして、野山で摘んだ山菜が並ぶようになり、食糧自給率が少しずつ上がっていくことを喜んでいた。

あるとき、それは「完全な自給」ではないことに気がついた。なぜなら、野菜のタネのほとんどは、毎年、いや永遠に種苗会社の交配種（いわゆるF1種＝一代交配種）を買い求めなくてはならないからである。

種苗会社の掌《てのひら》の上で「農」をしていることに愕然とした。

その種苗は化学肥料や農薬の使用が前提となっていたり、自分でタネを採種せず、次年度も購入せざるをえない仕組みになっていたりするのだ。かつての自然（在来種）のタネはタネから育てた植物からとったタネで次世代の植物を育てられた。いまや次世代にいのちをつなぐという生命の本質からかけ離れたものになっている。「種子を制するものが世界を制す」という種子ビジネスの渦中に私たちがいることを知ったのである。星川さんが京都に来られた際、私に言ってくれた「在来種を守らないとまずい」という一言の種が、私の心にまかれた。

私がＦ１という一代種に疑問を持つようになったのは、以下の三つの言葉を知ったことで自分の人生観が変わったからである。それは「七世代」「将来世代」「後世への最大遺物」という言葉だ。「将来世代」はまだ生まれていない世代を指すコンセプトである。「後世への最大遺物」は内村鑑三の著書名（講演録）である。「半農半Ｘ」というライフスタイルに到達するまでの経緯のなかでそのことを詳述する（第四章）。

ネイティブアメリカンのイロコイ族は「七世代」先を考えて物事を決めるという哲学を持っている。

その視点から野菜のタネを見てみよう。Ｆ１というのは一代限りで優れた能力を発揮するが、次の季節に次のタネをまいても形質がバラバラになり、同じものはわずかしかできない。F1は「七世代」「将来世代」の対極にあるように思う。

　それに対して、在来種は連綿と世代がつながっているものだ。そこがやはり大事な点だと思う。NPO「たねっと」ではこのように「世代」というものに焦点をあてて活動してきた。

「いのち」の支援者として、在来種を伝えたい

　F1は一代限りの発想、思想が問題だと思う。もし、種苗会社の発想として、一代目だけ販売するが、二代目は購入者が自分で育てるのだという発想のタネを目指したら、もっと違ってくる。問題は家電などと同じように、永遠に買いつづけないといけないといった、工業的な発想が根幹にあることではないかと思っている。

　スーパーで売っている野菜の大半はF1ではないだろうか。スイートコーンに代表されるように甘くてクセのない野菜に私たちは慣れてしまっている。私たちの舌は昔のような風味のニンジンなどを受けつけなくなっているのだ。今、ようやく伝統野菜とか、京野菜、加賀野菜とか言われる野菜が出まわるようになったが、在来種はタネだけ守っても、食べ方（料理）が分からなければ、何にもならない。味や香りなど個

性あふれる野菜を料理できる人が少なくなっている。

今の世の中はすべてが一代限りの発想になっている。料理の多様性、郷土性・現地性が失われて、大事なことが伝わっておらず、世代間の断絶があり、いのちのつながりがない。

英語圏では在来種を「エアルーム」と言う。エアルームとは「先祖伝来の宝」を意味する。美しい言葉だと思う。

滋賀県のある町にはおいしい漬物になるナスビがあり、嫁入り道具のひとつとしてそのタネを持っていくという風習が一世代ほど前まではあったそうだ。今はそのナスビは町のブランドの漬物になっている。嫁入り道具にタネを持っていくような文化づくりを「たねっと」ではメッセージにしたいと思ってきた。

昔の農民は豆をまくときに、必ず三粒ずつまいたという。一粒は空の小鳥、一粒は地の虫、一粒は人間のためにだ。人間は作物へ感謝を込めて収穫し、翌年の収穫を祈りながらいのちの種子を大事に採種し、また、いのちの多様性を大事にしてきた。しかし、あるときから、タネは人間のため、種子ビジネスのためだけのものになろうとしている。

種苗は今、人間の都合で多様性をなくし、収量のみを追求した「タネの本質から遠いタネ」になってしまった。ほとんどの農家は種苗会社から種子を購入している。種子を採種して育て、保存するというほんとうに地道な仕事は、放棄せざるをえない状況にある。

こうしたなかで、私はいのちのタネを後世へ遺していくのは未来世代への最大の贈り物だと考えるようになった。そのひとつとして、「たねっと」は「在来種」を伝える役割を微力ながら担っていきたいと考えてきた。在来種を守り伝える人々をさまざまな形で支援し、自らも連綿たるいのちの継承者として、いのちの種子を大地にまいていく。お互いが手塩にかけ育《はぐく》み合ったいのちのタネを交換し合い、味わい合い、未来に遺し合うことができればと思っている。

なかには門外不出のタネを持つ旧家があると聞いている。しかし、後世のために、本質を忘れずいのちのバトンをつないでいかなければならない。一粒のいのちを大地にまくことから、「ウレシパモシリ（アイヌで言う、万物が互いに生み育て合う世界）」への道、多様なる生命が自ら天命を全うし合う道を実現していきたい。

ゴマづくり五〇年――ひとつまみから始めて

「たねっと」設立の一九九八年の秋、毎日新聞「おんなの気持ち」（一九九八年九月一八日付）に掲載された「自家製ゴマづくり半世紀」という投書に、私は大切なことを気づかされた。

投稿者は奈良県天理市在住の本多ヒデ子さん（当時七三歳）。五〇年前に結婚したとき、実家からひとつまみのゴマのタネを持参し、以来半世紀、毎年、黄ゴマをつくってきたという。

今、日本のゴマの自給率は〇・五パーセントだという。つまり、九九・五パーセントは海外に依存しているのだ。この数字はいろいろなことを物語っている。私はゴマの話を聞きたくて本多さんを訪ねた。

その年の収穫は六升。そのゴマを見せてもらったとき、私はただそれを拝むしかなかった。そのゴマのいのちをさかのぼると、それは地球や宇宙の起源に辿り着く。一粒のゴマに宇宙を感じる――そんな大切な感覚を、本多さんとゴマは気づかせてくれたのである。自家採種の方法を伝授してもらったりして、貴重な時間を過ごさせていただいた。別れ際、本多さんは「このゴマの継承者になってください」と、私にゴマ入りの一升瓶を託された。

「いのちの継承者」という大きな仕事、これは人間一人ひとりが、いや、一つひとつの生命が担っている本来の仕事である。それを私たちは忘れてしまっている。人間はタネをF1化してしまい、そして、自らの心もF1化してしまい、自分たちが最後の世代のようにふるまってしまっている。

「たねっと」により、見知らぬ同士が「いのちのタネ」を縁に出会い、未来を育み合うことに積極的に参加してくれる。

マザー・テレサは「愛のタネ」をまいたが、「たねっと」も後世への「産《むす》びのタネ」を一粒でも人々の心にまくことができればと願っている。

「タネ」という言葉が持つ深い意味とは？

「たねっと」の仲間には面白い人がたくさんいる。在来種を探すのが好きな人がいて、その人によると、奈良県の奥深い地域には、面白いタネがたくさんあるらしい。

綾部の北隣りの舞鶴市出身で奈良県在住の三浦雅之、陽子夫妻が開業する「粟《あわ》」というレストランでは、在来種の野菜料理を出している。このご夫妻は私の種仲間だ。

在来種を守る活動の世界は、多様な「人財」が出てきて充実している。その意味では「たねっと」の当初の役割を果たしたのではないかと思っている。次の段階としては「タネとは何か」という哲学的問題に取り組みたい。「タネ（たね）」の音義を漢字以前の日本の言葉「やまと言葉」で調べてみると、「た」は「高く顕《あら》われ（伸び）、多く（たくさん）広がりゆく」、「ね」は「根源（に返る）、（いのちの）根っこ」という意味があり、「タネ」の本質を的確に表現している。私はこの言葉で世の中すべてを表現できるのではないかと思う。例えば、情報発信は「た」の部分。情報は独り占めするのではなく、世に発信したらまた返ってくるものだ。それで広がりを持つのである。いのちや環境、農業や地方、まちづくりも村おこしも「ね」の部分だろう。「半農半X」で言えば、「半農」が「ね」で、「半X」が「た」だ。

タネを育てるのが好きな人もいれば、在来種を使った料理を考えるのが好きな人もいる。「たねっと」にはいろいろな人がいるので、私の役割はタネとは何かを考えることではないかと思っている。吉野弘をはじめ、金子みすゞなど、多くの詩人がタネについての詩を書いている。タネを哲学的にとらえるのが、私の仕事ではないかと思うようになったのである。タネとは何かを考えることとは、人間とは何か、自分の生き方とは何かを考えるのと同じだと思う。

「私」という漢字の禾偏（のぎへん）は穀物を意味し、つくりの「ム」は「独り占め」という意味らしい。「私」の反対言葉は「公」。「ハ」は開くを意味するので、「独り占め」していたものを「開く」というのが「公」だという。「公」というのは国家や行政ではなくて、それらと私的なものの間にある、みんなの宝物、共有財産的なものだと思う。自分のしていることを世に出したがらない人がいるが、コンピュータの世界では、データや情報を公開してみんなで共創していく「オープンソース」という考え方が主流になっている。二一世紀は独占よりも、開かれていることが大事になっている。

「タネ」の原理と同じで、他者とつながるためには、オープンハートで、それぞれの分野で天の才を世に活かしていくことが大切である。

※注　奈良の三浦雅之・陽子夫妻の大和野菜の店「粟」は、予約がなかなかとれない人気の店だ。夫婦で『家族野菜を未来につなぐ』（学芸出版社刊）を二〇一三年夏出版。奈

良の書店で対談イベントがあり、ゲストとして呼んでいただいた。今年はテレビの人気番組「情熱大陸」に出演し、ますますブレイク。以前、日本のトップアイドルグループ「嵐」の櫻井翔さんと対談の機会を私がいただいたとき、会場として、「粟」の「ならまち店」にお世話になった。『ニッポンの嵐』(M.Co. 刊)という本には、二ページ、そのときの模様が掲載されている。

現代に欠けているのは、与え、分かち合う文化

感動した言葉をあなたに――私の「X」

一一〇年ほど前の明治時代、「インスパイア（inspire）」という言葉が、日本の青年の間で好んで使われたという。

人、書物などから得た知識、言葉にインスパイアされた、と。息を吹き込む、精神・魂を鼓舞する、心に火を点けるという意であるこの「インスパイア」が今、とても大事なように思える。

私もすてきな言葉に出合うと、誰かにそれを伝えたくなる。

一九九八年、私は「朝日新聞」の「ひととき」欄で感動的な文章を目にした。その文がすばらしく思え、友人、知人一〇〇人にそれをコピーしたハガキを送った。そうしたところ、そのハガキを読んでくれた人がさらに他の人に伝えてくれたのである。

以来、自分の知り得たことは独り占めしないで、誰かに伝えるようにして、それが誰かにとって有益になればいいのではと思うようになった。

翌年、人々を勇気づけ、人々の精神を鼓舞し、自分探しや使命探求をサポートする事業の一環として、すてきな言葉、名言、詩、物語、神話などを載せた有料のポストカードの発行を始めた。「ポストスクール」と称している。「ポスト」とは「ポストモダン」「ポストウォー」「ポスト9・11」のポストで「以降」や「次の」を表す。「ポストスクール」は「ハガキによる未来の学校」という意味である。ハガキ一枚が人生の教室になればとの思いを込めている。キャッチフレーズは「毎週届くたましいのごちそう」だ。

これが収入を得る事業に育つということで、自分の「X」がようやく見つかり、形になったと言えなくもない。

今思えば、この流れは亡き祖母の贈り物かもしれないと思う。祖母はその「ひととき」の欄が好きだった。目に飛び込んできた一通の投書が、私に「ポストスクール」という天職を与えてくれたのである。その投書の内容は、投書者が幼稚園の保育参観で見たゲームの意義深さについてだった。

三種類の色のシールを額《ひたい》に貼ってもらった園児たちが、一切口をきかずに同じ色の者同士でグループをつくるゲームだ。園児本人たちは自分の額に何色のシールが貼られているか分からない。

投稿者がどうやってグループをつくるのだろうかと心配していると、一人の子が同じ色の園児の手をつながせていった。手をつないだ二人はお互いの額を見て自分の色が何色か分かった。最後にその子だけが残ったのだが、その子は同じ色のグループから すぐ呼ばれた。

投稿者は「このゲームは自分のことだけを考えていたのでは解決しない。自分はさておき、人の世話をする者が現れてはじめて事が進む。人の世話をすることこそが、自分のかかわっている問題を解決する最良最短の方法であり、自分のためにもなっているのである。そのことに私たちはなかなか気づかない」と書き、「そんな賢い子が地球上のいたるところにいるだろうと考えることができるのは希望である」と、その投書を結んでいた。

私は今もときおり、その文章を読み返す。もう何回読んだことだろう。読むたびに大事なことを教えてくれる。

ポストカードの購読者の目標は一〇〇〇人だが、インターネット、口コミで着実にその数を増やしている。毎週一通のオリジナルポストカードと誕生日、クリスマスなどのスペシャルカード八通の年間合計一人六〇枚のカードを送る。人それぞれ違ったメッセージを心がけている。いわばワンツーワンマーケティングで、たとえば、教師の人には教育者向けの、起業を目指している人にはビジネスに関する言葉を伝える。

毎週、土曜日から火曜日までに投函しているが、投函日を決めると不意の贈り物感覚が薄れて面白みがなくなるので、柔軟に行っている。購読者は郵便受けを覗くのが楽しいようだ。今、郵便はＤＭと請求書が中心になり、手紙やハガキが減っているという。そんななかで、郵便が待ち遠しくなる文化をつくりたい。

ポストスクールの関連で、インターネット上にある「希望銀行」というのも開設している。インスパイアされた言葉を自由に見ていただき、また、預けてもらうものだが、これはシェアする文化を育てたいという願いから始めたものだ。ホームページにアクセスしていただければ、希望の言葉に出合え、誰かを勇気づけるために言葉を贈ることができる。

※注「ポストスクール」は現在、フェイスブックで毎日、公開されている。誰でも閲覧可能なのでぜひご覧いただきたい。また、通信教育版「コンセプトスクール」（後述）となって、進化させている。

さまざまな「とらわれ」を手放す訓練のとき

新しい時代を象徴する言葉をひとつ挙げるとしたら、私は迷わず「シェア（share）」という英語を選ぶ。

「シェア」とはご存じのように、「分かち合うこと」「共有すること」を意味するのだが、最近では、レストランなどで、「サラダをシェアする」と使われるほど、日本語化されつつある。「ワークシェアリング」「カーシェアリング」などもそうだ。

今、なぜシェアなのだろう。これまでの「独り占めや極端な私有」では、社会や地球は「持続可能でない」という反省がその背景にあるのではないか。

限られた地球資源、限られたわがいのちであることを認識し、夢や希望を、そして、悲しみさえもシェアし、希望の世紀をともにつくっていこうという思いの表われ、それが人々に「シェア」という言葉を多用させている。

「シェアする」とは「し合う」ことで、一人ではシェアできない。活かし合い、助け合い、育み合うには、自分以外の他者が必要だ。日本語でいちばん美しい文字は「合(あう)」という字だという人もいる。

シェアという言葉は環境と福祉をつなぐ架け橋となるキーワードでもある。

そして、私たちの築いた社会を手渡すことになる未来の世代とも愛を持ってつながることができる思想でもある。

今、意識して使っていきたいこの言葉がこの国で流行《はや》るとき、きっと何かが変わりはじめるにちがいない。

「give and give(与え、さらに施す)」「give and forgot(施したことさえ忘れてしまう)」という考え方があるのを知った。

私たちはつい受け取ることや与えたことに執着しがちである。

先人は「放てば満てり」と言った。こだわらず、解き放つことで、自由になれるという意味だ。放つことができれば、それ以上の満ち足りたものを、求めずともおのずと受け取ることになる。求めず与え、そして忘れること。これは希望の新時代を切り拓く、大きな力となるのではないだろうか。

残念ながら、私たちの文化では、与えることより獲得することのほうに重きが置かれていると言っていいだろう。

新しい時代の変わり目である今という時期は、さまざまな「とらわれ」を手放す訓練のときかもしれない。家庭や職場など、それぞれの場所で、どんなに小さくとも「与える文化」を育てていきたいものだ。私はこの国がいつしか「与える文化の先進国」になれたらと思っている。

人と人をつなぐ地域通貨

地域通貨が世界的に広がりを見せ、どれくらい経つだろう。世界では二〇〇〇を超える地域で、日本では全国一〇〇カ所以上の地域で、個性豊かな地域通貨が流通しているといわれてきた。綾部でも二〇〇二年一月一日に「ゆーら企画」から地域通貨「ゆーら」が発行された。

この地を流れる由良川にあやかった名称だが、同年に始まったヨーロッパでのユーロの市民生活の場での本格的流通を意識したネーミングでもある。

ゆーら企画の代表は、志賀政枝さんのあやぼうろづくり教室を主催した村上章さんと四方《しかた》源太郎さんである。村上さんは綾部市出身の三十代。綾部より京都市寄りの亀岡に住んでいて、京都府の地域振興課の職員である。週末になると母親が一人住む綾部にやってきて、二人で農業をする。寺子屋を綾部で続けていくのが夢だ。そこではカブトムシの取り方なども教えたいという。

四方さんも綾部出身の二十代。高齢者の移送サービスを行うNPO法人「あやべ福祉フロンティア」の副理事長を務め、若者のまちづくりのグループ「NEXT」などをリードし、綾部を代表するまちづくりプランナーだ。

村上さんと四方さんは若い人たちを中心にゆーら企画をつくって、綾部のまちづくり、まち育てに情熱を注いでいる。地域通貨「ゆーら」はその村上さんと四方さんが呼応したことによって誕生した。

通貨券の単位は「ゆーら」で、一ゆーらは一〇〇円換算。「ゆーら」はお金での取引になじまないお礼として使われたり、行政が行う文化事業、たとえば、映画などの入場券として使用されたり、一部の店で商品やサービスの代金の一部として使われたりしている。発行から一年で、「ゆーら」が使えるところは五〇カ所ほどで、今後一

○○カ所を目指している。そのカタログを作成し、受け取ることのできるサービスを案内している。

実現しているものもあるが、近い将来に、次のような使われ方をされるのが望ましい。近所のおばあさんに漬物のつくり方を教えてもらったお礼、留守中に花の水をやってもらうお礼、地域のお年寄りに昔話をしてもらったお礼、あるいは、田畑の草取りのお礼などなど。ボランティアがお年寄りを病院まで移送するサービスにも使われている。

あやぼうろの志賀さんは講師の対価として「ゆーら」を受け取り、病院通いをしている夫の送迎をボランティアに依頼する費用の一部にあてていて、「ゆーら」がどんどんつながっている。

誰が何を得意としてサービスしてくれるかといったことを、四方さんがコーディネートしてくれる。

「ゆーら」はゆーら企画で一〇〇円を「ゆーら基金」に寄付すると、一枚もらえる仕組みになっている。もちろん、今述べたようにサービスとサービスの交換などで「ゆーら」が流通するので、そういう形で手に入れることもできる。

「ゆーら基金」というのは、まちづくりのための各種イベントに使われるものだ。地域通貨は助け合いやボランティアの促進、コミュニティの再構築、地域経済の活性化などの効果が期待されるが、人と人との密接なつながりを持たせてくれることが、最も大きな効果だろう。まちづくり、まち育てにおいて、そこに住む人たちのつながりの回復がいちばんの問題となるからである。

※注　村上章さんは京都府の職員として、地域力再生に情熱を注ぐ。四方源太郎さんは京都府府議会議員の一期目。ともに綾部市、中丹地域、そして京都府の発展のため、東奔西走している。

第四章　それは「やりたいこと」か「やるべきこと」か

自分主役の人生創造

沖縄移住現象は、何を物語っているか

幸福のものさしの目盛りが、「円」から「時間」へ

ゲーテの詩に「心が海に乗り出すとき、新しい言葉が筏《いかだ》を提供する」という一節がある。新しい社会を構想する言葉、新しい社会をイメージさせることば、つまり、新しい社会像を言葉にし、その社会像に現実を近づけていく力を持った言葉が、今こそ必要なのではないか。

効率優先の日本社会が行き詰まり、環境問題や食の不安、大量生産・大量廃棄を私たちは直視するようになった。これまでの、経済成長があるから豊かさは手に入れられるという成長至上主義に、私たちは疑問を抱く。いや、成長を前提にしなくても、豊かさを分かち合える社会はつくれるのではないかと、私たちは今、思うようになった。

『年収300万円時代を生き抜く経済学』（光文社刊）の著者で経済アナリストの森永卓郎さんによれば、本土から沖縄へ、年間平均で約二万五〇〇〇人も移住しているという。中心の年代は二十代から四十代だ。沖縄は、日本の中でも失業率最多、賃金最低の県である。このことから、経済的豊かさが精神的な豊かさと必ずしも一致しないという意味を見出せる。

一方、「ダウンシフティング」という考え方を、オーストラリア・ラトローブ大学教授の杉本良夫さんが紹介している。ダウンシフティングとは下方移動の意味だが、自発的に仕事の量を減らし、自分の自由な時間を増やすという考え方である。

サラリーマンなら週に三、四日働いて、あとは家庭や地域社会で過ごす時間に力を入れる。要は、自分に合う充実した暮らしを最優先にする。収入は減り、地位も上がらないが、生活の充実度は高い。オーストラリアで過去一〇年間にダウンシフティングした人は、三〇歳以上で四人に一人もいるという。

杉本教授は「職業とそれ以外の生活空間の均衡を模索する『ポスト職場時代』が始まっているようだ」と言っている。

人間を大切にする社会を目標に掲げるヨーロッパで、とりわけデンマークはその傾向が強い。共働きが一般的なこの国では、夫婦あたりの年収が四〇〇万円で、その水準はEUの中でも低い。しかし、生活の満足度は最も高い。デンマーク人は仕事の時間を減らし、家族とともに過ごす時間を大事にする。かつて、日本と同じように少子化問題を抱えていたが、幸福のものさしをお金から自分の時間に代えて、それを克服している。また、一人あたりの労働時間の減少によって、ワークシェアリングがスムーズに行われている。

オーストラリアにせよデンマークにせよ、ここには競争社会ではなく、協力、分配、連帯、安心といった温かい人間関係が生まれる社会の可能性を見ることができる。

人間を大切にする国家理念を掲げた小国

こうした考え方を世界に先駆け、国家理念として掲げている国がある。ヒマラヤ山系の急斜面に位置する仏教王国ブータンである。

一九七二年、現在の国王が一七歳で王位に就いた際、「物質的な富ばかりを志向するのではなく、これからの世界は生活の質的向上、文化的向上を志向しなくてはならない」と、満足と幸福を国家目標とした。そのためには、政治の安定はもちろんだが、社会的な調和、文化の維持が重要だと説いた。この考え方はヨーロッパでは「国民総幸福量」と呼ばれた。

ブータンは三〇年も前に、国民総生産（GNP）という経済先進国が標榜してきた国家目標に対して、「国民総幸福量」（GNH）という目標を掲げ、今日の世界が目指す理想をいち早く採り入れていた。

ヒンズー教徒との間の緊張という問題があるが、先代の国王が農地改革を行い、農家一世帯あたりに一二ヘクタール（約三万六〇〇〇坪）の農地を、国民の九五パーセントに与えたことにより、国民は大きな農地を持つ（一九四六年の日本の農地改革では、ブータンの八分の一の面積しか与えられていない）。とりたてて金持ちもいなければ貧乏な人もいない。基本的に自給自足経済なので、GNPの算出は難しい。算出されたとしても数字はかなり低い。しかし、国民の九五パーセントが現在の生活に満足しているという。

もちろん、私たちから見れば社会インフラの整備はたいへん遅れている。それでも、満足だと言うのは、ないものねだりの意識が薄いのかもしれない。

国民総幸福量主義は物質主義の否定ではないという。精神を大切にし、物質的発達と精神発達のバランスを大事にしようという考え方だそうだ。人間同士の精神的なつながりを重視した考え方を採っているのだ。ひるがえって今の日本を考えると、日本はそのバランスを崩してしまっているのではないか。

ブータンは一九七四年に国境を開放し、世界からツーリストを受け入れるようになったが、急激な西欧化を避け、今でもゆっくりと西欧化を導入する方針を採っている。国家目標の文化の維持には、歌や儀式、習慣といった無形の文化財が含まれている。造形美術は文化的遺産として残るが、無形の文化財は一度滅びたら、二度とつくり上げることができない。しかし、ブータンは東南アジアの中で、独特の文化を持った小国として生きつづけていく可能性がある。

世界で少数民族の文化が徐々に失われていく現在、ブータンのように有形無形の文化を残すことは個人、国民一人ひとりを大切にするという思想につながる。

ブータンの国家理念やダウンシフティングは、私たちが経済成長に依存しない豊かな暮らし方、生き方を考えるときの教訓となるように思える。とくに、私のように農村社会、過疎社会、少子高齢社会の可能性を模索する場合、大きな示唆を与えてくれる。私が提唱する、新しい生き方としての「半農半X」に通じる考え方だからである。

七世代先の子孫に責任を持つ北米先住民の哲学

ＪＴ生命誌研究館の館長である中村桂子さんは、限られた地球の中で、人間は「分」をわきまえながら、かつ天分を活かし、志高く環境問題に積極果敢にチャレンジせよと、「分と志」という言葉で警鐘を鳴らす。中村さんはわかりやすくこのようなたとえで以下のように表現している。

この地球において、五〇〇〇万種いる生き物の一種として、人間が生きていくためには「分」をわきまえなければならない。電車でも一人が二席分を使うと誰か一人が座れない。先進国がいわゆる第三世界の分まで使うと「南北問題」が生じ、現世代が搾取し続けると「将来世代」との間に「世代間不公平」が起こる。「無限」と言われた時代は終わりを告げ、後世を配慮しない「分」を過ぎた行動はたいへんな負の遺産を未来に課すことになる。

私は「分」が「農」で、「志」が「Ｘ」と考えている。

現世代（今を生きる世代）中心の世では、将来世代への配慮もなく、すべては決められていく。ツケを払うのは未来の世代だ。

そのようなことに気づいて間もない二十代の半ば、「七世代先の子孫」を念頭に置き、あらゆることを意思決定する北米先住民イロコイ族の哲学に出合い、大きな衝撃を受けた。彼らはカヌーをゆっくりと漕ぐ。あまり速く漕いでしまうと、周りが見えなくなってしまうからだ。

彼らは、今この木を切るべきか、川を埋めるべきか、他の部族と争うべきか、一世代三〇年として、なんと二一〇年先まで視野に入れてあらゆることを考える。

彼らに比べると、私たちは子孫への影響、いや、そんな先のことどころか、子どもの負担も考えず、まるで最後の世代のように振る舞い、生きてきた。

バリ島社会に理想のライフスタイルを見る

綾部の田舎を出て、都会に暮らし、環境問題を将来世代の観点から私なりに考え、生き方、暮らし方を模索してきたが、結局、自給農を志さないではいられなかった。しかし、「農」だけではほんとうの解決はない。

今、私たちが立ち止まり見つめ直さなければならないのは、ライフスタイル（生き方、暮らし方、働き方）など、個人そのものを問う問題も大きいと思うからだ。私とは何か、人間とは何か、私の今生の役割は何か……根本の問題が未解決であることこそ、問題なのかもしれない。

前述したように、一九九五年、屋久島在住の作家であり翻訳家である星川淳さんの著書『エコロジーって何だろう』で、自身の生き方を表現した「半農半著」という言葉を知った。農的生活、つまり、エコロジカルな暮らしをベースにしながら、執筆で社会にメッセージを送る生き方である。二一世紀の生き方はきっとこれだと、私は直感した。

星川さんには執筆、翻訳という才がある。自分には何があるだろうかと問いかけた。しかし、自分には何もない。大半の人もそう感じるだろう。もしかしたら、誰もが自分の「X」を探しているのかもしれない。

あるとき、その「半農半著」の「著」の部分に「X」を入れてみた。すると、それが難問を抱えた人類におそらく応用可能な、二一世紀を生きるためのひとつの公式に生まれ変わった。

永続して生きていくための「小さな農」、「天与の才」を世に活かし社会的な問題を解決するための「X」。私たちが残したさまざまな難問を解決するには、この二つのことが同時に必要なのではないか。

「半農半X」という言葉の誕生は私の人生を大きく変えることになった。ニューヨークという文明の極限に住み、科学・人間・自然の共生を探りつづけてきた作家・宮内勝典さんと、二〇〇一年に屋久島で生涯を終えた詩人・山尾三省さんの対話集『ぼくらの智慧の果てるまで』（筑摩書房刊）で、私は「バリ島モデル」に出合った。「半農半X」という考え方に大きな影響を与えた宮内さんのメッセージだ。

「僕が今ぼんやりと考えているのは、バリ島型の社会です。バリ島では朝早く水田で働いて、暑い昼は休憩して、夕方になるとそれぞれが芸術家に変身する。毎日、村の集会所に集まって、音楽や踊りの練習をする。あるいは、絵画や彫刻に精魂を傾ける。そして十日ごとに祭りがやってきて、それぞれの技を披露しあい、村人たちが集団トランスに入る。そして翌朝は水田で働き、夕方には芸術家になり、十日ごとに集団トランスに入る。村人一人一人が、農民であり、芸術家であり、神の近くにも行く。つまり一人一人が実存の全体をまるごと生きる。僕はこのバリ島モデルを、人類社会のモデルとすることはできないか、過去にもどるのではなく、未来社会に繋ぐことはできないか暗中模索しているところです」

私たちは「実存の全体」を生きることを忘れ、「部分」を生きてしまったが、はたして、それを取り戻せるだろうか。取り戻すきっかけとしての「半農半X」になればいい。

万物との関係性の回復が、「半農半X」の真価だ

なぜ、「農」と「X」の二つが必要なのか

なぜ、「農」と「X」の二つが必要なのだろうか。

結論を先に言うと、農が天職（「X」）を深め、天職が農を深めるからだ。

農は生命をつなぐ直接的な営みである。「アマチュア農業者としていちばん手ごたえのあるのは、なんといっても米づくりである。生きることの基礎となる主食をまかなうということは、言葉で表せない充実感を生む。自分の生存の責任を自分で取ることから学べるものは、想像以上に大きい。米づくりは、米を主食とする地球人のたしなみだと思う」という星川さんの指摘には、おおいにうなずける。

農は自然や感受性をも意味する。生命を育む感覚を知り、生命の循環に目を見張る。動物や虫が死んだり植物が枯れたりという生と死の世界を垣間み、もののあわれを感

じ、悠久の自然とははかない人生を比較する。そして、美しさに感動するといった人間にとって大事な感覚、感性の源泉がそこにある。

二〇〇三年六月、家族でこの年初めてのホタルを見に行った。近くの川には、わが家で「ホタル橋」と呼んでいる歩行者用の小さな橋が架かっている。そこで佇んでいると、飛び交うホタルを小さな子どもでも簡単に手で捕まえられる。

八時、娘の寝る時間になった。ホタルとは一年ぶりの対面だったので、娘はもう少し戯《たわむ》れたかったようだ。「わが家の田んぼに行ってみよう」と家族の意見が一致し、田んぼに向かう。そこは誰もおらず、すてきなスポットだった。わが家の田んぼ付近に飛ぶホタルに、妙に親近感が湧いた。「明日はキャンプ用の椅子を持って行こうね」と娘と約束して家路についた。そこにビールを持っていけば、夢であった季節限定の「ホタルバー」を楽しむことができる。

そんなことを考えていたら、『センス・オブ・ワンダー』（レイチェル・カーソン著、上遠恵子訳、新潮社刊）の一節を思い出した。

「生まれつきそなわっている子どもの『センス・オブ・ワンダー』をいつも新鮮にたもちつづけるためには、わたしたちが住んでいる世界のよろこび、感激、神秘などを子どもといっしょに再発見し、感動を分かち合ってくれる大人が、すくなくともひとり、そばにいる必要があります」

そして、「センス・オブ・ワンダーを育んだ人は人生に疲れることはない」し、「もしもわたしが、すべての子どもの成長を見守る善良な妖精に話しかける力をもっているとしたら、世界中の子どもに、生涯消えることのない『センス・オブ・ワンダー＝神秘さや不思議さに目を見はる感性』を授けてほしいとたのむでしょう」（新潮社版上遠恵子訳）と言っている。

一九九五年に刊行された文化人類学者・川喜田二郎さんの『野生の復興』（祥伝社刊）に、「農」と「X」の関係を的確に言いあてている記述がある。要約すると、次のようなことである。

今後は万人の悲願として全人的な生き方が求められる。全人的な生き方の最も大切な基礎は、自分を守る知恵を持つことと、ひと仕事を達成する力量である（守る知恵を農、ひと仕事をXと私（＝塩見）はとらえている）。つまり、保守と創造の能力をバランスよく持つことだ。

そして川喜田氏は考える。自分一人だけが巧みに身を処することが全人的な生き方ではなく、人間にははじめから家族や隣人とともに、この世がある。だから、九割までが利己的だが、あと一割ははじめから利他的ではないか。状況により一〇割まで利己的になることもあるし、逆に、一〇割まで利他的になることもある。利己的か利他的か、どちらがほんとうの自分かなどと決めてはいけない。

そして、川喜田さんは全人的な生き方の具体的ライフスタイルとして、「晴耕雨読」ならぬ「晴耕雨創」を提唱する。雨が降ったら読書ばかりでなく、頭を使う創造的活動をしようと言っている。

晴耕雨創のよさとして、晴耕は生計上のプラスだけなく、健康保持にも役立つことを挙げている。思索産業的労働も肉体的健康に必須であるとし、川喜田さん自身の健康は「全身活動」だけでなく「全心運動」によって支えられているという。

そして、晴耕雨創は家庭的にもメリットがあり、時間の融通が利くというのはすばらしいという。育児には、田園的環境がはるかに都市に優ると言う。

その他、次のような晴耕雨創の長所を挙げている。

（1）農薬・化学肥料漬けの不健康さからの脱却

（2）人々の大都市集中に歯止め
（3）工業化からの脱却による環境問題の改善

そして、こうも言う。晴耕が第一次産業で、雨創が思索型産業だから第五次産業として、晴耕雨創が、いびつな社会を築き上げてきた商工業、つまり、第二次、第三次産業の異常な突出による不均衡の是正に一役買うと。

川喜田さんは、晴耕雨創がロマンティックな空想どころか、二一世紀のホープになるライフスタイルだろうと予想している。

人々がさまざまな使命を発揮し合える社会では、人間間、家族間、生命体間の、あるいは、自然との関係性の回復が必要である。それに、自然（「農」）から得るインスピレーションは、創作や思索（「X」）に大きな影響を与えつづける。

地元綾部の田園風景や動植物を含めた自然を写真に撮り続けている七四歳の上羽《うえば》寛一郎さんが、私が住む地域に聳《そび》え立つ晩秋の空山《そらやま》（標高三五二メートル）にレンズを向けていると、畑仕事をしているおばあさんから「空山は春夏秋冬、いつでもきれいやで。いっぱい写してやって。空山が喜びますで」と声をかけられた。「空山が喜びます」、上羽さんがとうに忘れていた表現だった。上羽さんはいたく感動して、そのことを私に話してくれた。「山が喜ぶ」「川が喜ぶ」と、昔の人々はきっと日常的に口にしていたにちがいない。

その上羽さんが最近、「空山が喜ぶ写真っていったいどんなものだろうと考えるようになった」と言っていたのが印象的である。そのとき、私は「それは哲学的な、とてもいいことを考えておられますね。おばあさんからの宿題ですね」と応えた。

創作、思索でなくても、人の役に立ちたいと思えば、他者との関係性を抜きにしてはありえない。その関係性を教えてくれるのが自然なのである。自然はいつまでも人の師だ。

「使命多様性」の時代にすべきこと

二一世紀は「生物多様性」の時代と言われている。五年ほど前、ふと「使命多様性」という言葉が、私の中に生まれた。

生命の多様性とは、それぞれが有する使命の多様性のことではないかと思うようになった。

一人ひとり、一生命一生命は使命が異なるが、全体では「ひとつの使命」を担っていて、「和の宇宙」を形成している。きっと、私たちはそんな宇宙に生きている。

使命多様性という言葉の誕生は、都会の人ごみや満員電車さえ楽しいものにしてくれた。出会う人それぞれが固有の使命を持ってこの世に生まれてきたのかもしれないと気づいたからだ。彼らへの眼差しが変わっていった。

「雑草」に対して「益草」という言葉をつくった農と自然の研究所の代表、宇根豊《うねゆたか》さんは「新しい言葉が生まれるのは、新しい眼差しが生まれたから。新しい言葉は新しい眼差しを誘う」と言う。新しい言葉と新しい眼差しがきっと今の日本に必要だ。

「半農半X」「バリ島モデル」「使命多様性」という言葉に吸い寄せられるように、さまざまなキーワードがまるでジグソーパズルのピースのように集まってきた。そして、私のビジョンである「天の才を発揮し合う社会」はどんどんクリアになってきた。こうした言葉との出合いが重なり、「この実現は自分の『X（役割）』かもしれない」と思うようになる。私のすべき仕事（ミッション）も同じくクリアになった。

ナンバーワンを求めた時代から、一人ひとり、一生命一生命、一地域一地域が輝くオンリーワンの時代へと時代は確実に変わってきている。二一世紀は使命多様性の時代なのである。

一〇年ほど前から気になっている言葉がある。会社勤めをしていたころ、先輩が教えてくれたシモーヌ・ヴェイユの「与えるというものではないが、人にぜひ渡しておかなければならぬ大切な預かりものが自分の内にある」という言葉だ。

誰もがみんな、誰かにぜひ渡しておかねばならぬ「預かりもの」が、自分の中にきっとあるのだ。数年後、大学の先輩から詩人、工藤直子さんの「あいたくて」(『詩集「あいたくて」』大日本図書刊)というすてきな詩を教えてもらった。

「だれかに　あいたくて／なにかに　あいたくて／生まれてきた――」というこの詩は、「それが　だれなのか　なになのか／あえるのは　いつなのか――／おつかいのとちゅうで／迷ってしまった子どもみたい」に「とほうに　くれている」。でも、「手のなかに／みえないことづけを／にぎりしめているような気がするから／それを手わたさなくちゃ」という。

私の「みえないことづけ」とはなんだろう。そんなことを思った。「大切な預かりもの」と「みえないことづけ」、きっとそれが「X」だ。

「締め切りのない夢は実現しない」――この言葉に出合ってハッとした。ほんとうにそうだと思う。気がついたら、私も母が逝った年齢に近づいてきた。母は四二歳で亡くなっている。当時、私は一〇歳、小学四年生だった。姉は、中学二年生だった。

一瞬一瞬を、「今・ここ・この身」を生きたらいい。でも、私たちは明日も明後日もあると錯覚してしまう。人生には締め切りが要る。そんなことを考えるようになった。いつまでも生きられると思う生き方を、変えなければいけないと。

メメント・モリ（死を想え）——三十代に入ったころから、母の逝った年齢である四二歳まで何年あるだろうかと考えるようになった。

あるとき、余命数年と自己設定することにした。それ以上の生命を与えられたら、天からのご褒美、贈り物として次のビジョンに向かってがんばればいい。余命があと五年だとしたら、それまでに私は何をしなければいけないのか、やり残していることはなんだろう、神様がいるとしたら、私になにをさせたがっているのだろうか、そのようなことを考えるようになった。きっと人はみな世に自分を活かしたがっている。天から与えられた才（天の才）を他者のために発揮し合える、活かし合える社会をきっと夢みているはずだ。私はそう思えてならない。

それをなんとか応援できないものかと考えてきて生まれたのが、「ポストスクール」という、世界でひとつのミニマムな事業（ソーシャルビジネス）だ。

一〇〇年ほど前、内村鑑三は『日本の天職』という本を書いている。今、私がしている仕事は、「綾部の天職」とは何かを探求していることかもしれないし、みんなの天職とは何かを一緒に探求していることかもしれない。

私には大きな夢がある。それは、「自己探求」の観点からまちづくりができないかということだ。いわば「人生探求都市（Vision Quest City）」の構想である。今、誰もが「新しい生き方、暮らし方」を多かれ少なかれ考えている。人はどこから来て、どこへ行くのか。なんのために生まれてきたのか。このテーマに挑みたい。

都市生活、会社生活ではできないこと

残せるのはお金か、事業か、思想か、生涯か

一九八九年、バブルの頂点という象徴的な年に、大学を卒業した私は大阪のカタログ通販の会社、フェリシモ（現在、本社は神戸市）に入社した。フェリシモは当時の企業としては珍しいくらいに、環境問題に関心を持っていた。フェリシモは全社的に環境問題を意識した経営戦略、商品開発をやっていた。全商品の九五パーセントが自社オリジナル商品で、カタログの用紙に再生紙を利用したり、植林をしたりしている会社だった。大豆インクも早くから使用している。玩具などは、赤ちゃんが舐めても健康上害がないような素材を使っていた。食品も扱っていたが、もちろん身体にいい商品を提供することに努めていた。

おそらく、フェリシモに入社していなければ、私は環境問題を今ほど意識していなかっただろう。自然環境豊かななかで大学時代を過ごした私は、そのことに目をまだ向けていなかった。

入社後、私はまず人材教育の仕事に携わり、そして、「機会開発者」や「将来世代」をテーマに、新しい社会の模索など、ソーシャルデザイン事業に取り組んだ。非営利的な面での企業活動だった。矢崎勝彦会長の下でたくさんの学びの機会を与えられ、多くのシンポジウムなどにも出席させてもらい、また事務局として、国内外のシンポジウム開催運営にも携わり、知的な刺激を受けた。ビジネス以外の勉強をさせてもらい、自分の人生を考えるうえで、私はたいへん恵まれていたと言っていいだろう。また、仕事を通じて新しいものやコンセプトをつくり出す喜びを知った。周囲は、なぜそのような会社を辞めたのか、と不思議がる。

そうしたなかで、二八歳のときに、内村鑑三の講演「後世への最大遺物」(『後世への最大遺物　デンマルク国の話』所収、岩波書店刊)を読む機会を得た。

「我々は何をこの世に遺して逝《ゆ》こうか。金か。事業か。思想か」と、内村鑑三は説いていた。私はまるで自分が問われているような気がした。

この著作は一〇〇年以上も前の講演速記録をまとめたもので、今なお多くの人をインスパイアしつづけているが、内村鑑三は三三歳のときにこの講演を箱根で行っている。私は当時、その年齢になった自分を想像し、たいへんな衝撃を受けた。とうてい足元にも及ばないだろう。ならば、三三歳で新たな人生の旅路に出なければいけない、と私はそう決めた。

他者への思いやりが環境問題の原点

それ以降の私の人生におけるテーマとして、次の世代に何を残すかということが宿題ではないかと考えるようになったのである。それは自分の生き方にかかわる問題でもある。

すでに述べたように、「将来世代」「七世代先」といった考え方が色濃く、私に影響を与えた。このまま都市生活、会社生活を続けていては、その宿題をやり遂げることができないのではないかという思いが、少しずつ芽生えてきた。

おこがましい言い方だが、環境問題に向き合うには、他者への思いやりが基本にならなければならないだろう。利他の心と言ってもいい。欲望肥大が利己の心から生まれたものならば、それがもたらした環境問題の解決は、利他の心抜きにしてはありえない。

この問題に真正面から向き合おうとすれば、やはり自分の精神性が問われることになる。あるいは、生き方を考えるうえでも、心のよりどころをどこかに求めることは少なからずある。

父は小学校の教員だった。晩年は障がい者の自立に力を注いだ。小学校のころから父の背中を見ていた私は、教育と福祉への関心を自然と抱くようになっていた。小学校のときから教員を志望していたように思う。

また、母を一〇歳で失ったことも、私に精神性の目覚めを促したと言えなくもない。思想、哲学に関心を持ち、大学進学にあたって神学の道に誘《いざな》われたこともあった。

もしかしたら、綾部という地に生まれ育ったことが、その根源にあるのかもしれない。綾部は出口王仁三郎で有名な大本教の発祥地であり、綾部の人は信者でなくても、「大本さん」と親しみを持っている。隣の加佐郡大江町（現・福知山市）には元伊勢神社があり、私はよく詣でていた。わが村はみな真言宗で、弘法大師を敬する。

私だけかもしれないが、綾部になんらかの精神性を感じるのだ。綾部に戻ってきた人、移住してきた人を見ていると、特定の宗教にとらわれるというのではなく、言葉で言い表せないような精神性を、この綾部に見出しているように思える。

小学校のころ、山の神様に麦わらと竹で祠《ほこら》をつくりお供えをする「山の神さま」という行事があった。秋の収穫に感謝し、一二月初めに子どもが祠をつくり、山へていねいに運ぶ。私にとって、山の神様という見えないものを崇拝する考え方は大きな存在だった。霊感があったわけではなく、ふつうの子どもだったが、鎮守の森に何かを感じるような子どもだった。この地域の人は地域の山、空山を大事にしていた。それぞれが祖母などから教えられていたのではないか。アニミズム（精霊信仰）的なものが、自分の中では大きいと感じる。見えないものへの畏怖といったものを、子ども心に持っていた。

昔の人はそういったことを次の世代へと継承していた。私の娘も教えたわけでもないのに、お地蔵さんを見かけると手を合わせている。九〇歳くらいのおばあさんにも手を合わせたのには驚いた。それを見て、宗教ではないが宗教性とか敬虔さを自然に受け継いでくれたらと思った。

昔はどの家にも神棚と仏様が同居していた。昔の人は石ころ、虫にも魂があると、万物を大切にしていた。私が住む地域は街中から離れているので、そういったことが日常の中に色濃く残っていたのかもしれない。

自然への畏怖。私の心の背景をあらためて考えてみると、環境問題、「半農」への傾斜は、やはり私が必然的に辿るべき道だったと思う。

自分の子どもに何を残せるか？

一九九九年一月二〇日、三四歳を前に私はフェリシモを退社した。月々の決まった収入がなくなるのは大きな問題だった。公務員の家系では、自分の力で生きていくというのは、いざそのときになってみないと、その大変さがなかなか実感できないものだった。

つれあいは私にもう少し、フェリシモにいてもらいたかったようだ。私より現実的に物事を考え、私が会社をいずれ辞めることに同意していても、貯蓄の必要性や今後自営していくことになる私の実力不足をまだ感じていたのだろう。新しい生き方、暮らし方が大事だと頭ではわかっていても、諸手を挙げて賛成というわけではなかった。

しかし、私は独断でフェリシモを辞める期日を決めていた。これはどうしても譲れなかった。

「里山ねっと・あやべ」がある学校のそばに母の眠る墓がある。母が亡くなった年齢四二歳を自分の人生の締め切りとしていた。自分に課せられた宿題の解を求めるためには、今辞めなければあまりにも時間が少なくなる。期日は迫っているのだ。

辞表を出したことを知ったつれあいと、多少のけんかはしたが、つれあいは心の切り替えが早く、すぐ故郷へUターンしようと、私を促した。彼女には自然食の料理があった。一九九〇年くらいから、お互いに自分探しをやってきていたので、根本的に理解し合えていたと思う。

今、娘に何が残せるかという問題が宿題として増えた。娘はそのとき一〇歳。私が母を失った年齢である。娘の人生を導ける何かを残したい。惰性のままで生を終えて、一〇歳の子どもに何も残せないのではあまりにも悲しい。その意味で、私は四二歳で生を終えてもいいような生き方をしていこうと思っていた。

娘は小学校に上がれば、友だちと影響し合いながら今とは変わってくるだろう。二〇歳を過ぎれば私たち夫婦の生き方が理解できるだろうが、それまでは私たちの価値観の中にとどまらせるのに、難しいこともいろいろ出てくるだろう。結局、私の父がそうだったように、自分の背中を見せていくしかない。先人を見てみると、親の価値観をすぐに受け継げる子どもは少ない。そこには反発が少なからずある。娘の人生を導けるものを残していくつもりだが、選択は娘にまかせる。

「何をするか」から「何をしたか」へ——「自分探し」の旅

なぜ、定年後、夫婦間にカルチャーギャップが生じるのか

ところで、男性は自分探しが遅れていると言われている。五十代ともなれば、サラリーマンの場合、定年まであとひとがんばりして、定年後に好きなことをしようと考える。

だが、体力的に遅い場合がある。やはり、できるだけ早い時期からの自分探しが必要で、定年後のための助走期間、準備期間を設けたいものである。自分が何が好きかを知っていれば、楽しくエキサイティングな第二の人生を持てるからだ。

女性は子育てが終わると、自然とそれが始まる。

夫の定年後、夫婦間にカルチャーギャップが生じるのはそのせいだ。男性は、リス

トラ、病気といった不慮の要因がなければ、自分を見つめ直し、自分を変えていこうとはなかなか思わないのが現実だろう。対して、女性は環境や教育、食、介護、福祉などでNPOで活躍したり、社会起業をすることも多い。

「里山ねっと・あやべ」に参画するまでの約一年間の積極的な失業中、つれあいは近くにできた老人ホームの食事づくりの手伝いをして家計を助けてくれた。その間、私は「子育ては最大の事業」「子育ては最もクリエイティブなこと」という言葉を胸に子育てをしながら、いわゆる「主夫」をし、「半農半X」の構想を練っていた。

夫婦二人が自分の道を目指しつつ、収入を得られるような道を探していく。半農で食べる分を得る。来年の夏までの米があるとなれば、これは精神的に大きなゆとりになる。今は有事がまさかではない時代なのだし、異常気象も日常化し、何が起きてもおかしくない時代である。

「里山ねっと・あやべ」には最初の二年間、市の嘱託職員ということで参画した。業務委託を希望していたのだが、まだ前例がなかった。嘱託といえども公務員なので、副業はできず、ポストスクールなどの事業ができない。二〇〇二年、ようやく業務委託になり、個人的な「X」に力を注ぐための環境が整った。

余談になるが、フェリシモを退職した一九九九年一月二〇日のちょうど四年後、ソニー・マガジンズから出版を勧めるメールが届いた。私には特別な信仰はないが、ほんとうに不思議なもので、準備が整ったと神様が判断されたのだろうか。

「やりたいこと」は、どう見つけるか

「自分探し」とはなんだろう。人はその鍵を探すが、鍵穴が分からないことも多い。ほんとうの自分を知るということなのだろうが、私は「天与の才」、つまり、「X」を自分の中に見出し、世に活かすことだと思う。そして、それは人生が終わるまで続き、それによってつくり上げられた自分がほんとうの自分ということになるのではないか。

周りの「半農半X」を追求している人たちを見ていると、「自分探し」はほぼ終わっているように見えるのだが、あらためて、「天職はなんですか」と問うと、「まだ、探している途上だ」という答えが返ってくることも多い。私自身も、まだ旅の途中という認識を持っている。

聖書の「天に持っていけるのは人に与えたものだけ」という言葉を意識するようになったと人に話していたら、その人から「他に与えなかったものはすべて無駄になっ

たものです」というインドのことわざをプレゼントされた。

私の旅の目的は、預かっているもの、ことづかっている何かを人に手渡し、人の役に立てたら、ということである。「与える文化」を社会に根づかせる活動を続けていきたいと思う。

今、自分は何をやりたいのかがわからないという人が、老若男女問わず多いというこの国では、「夢の自給率」も低下しているのかもしれない。

毎日、午前二時に起きて、自己の能力を次々と開花させ、同時通訳や環境問題などで活躍する枝廣淳子さんは、「好きなこと×得意なこと×大事なこと」を天職発見の法則としている。多くの人は自分のことにもかかわらず、その好きなこと、得意なことが分からない。

自分を探せるのは自分一人しかいないのだから、諦めずに求めてほしいと思う。なぜ分からないのだろう。かつて、私は「花が好きだったら、庭師になりなさい。自分の好きなことをするとき、そこは恐れも比較も野心もない。あるのは愛だけである」という文章に出合い感心したことがある。インドの思想家、クリシュナムルティの言葉（山川紘矢・山川亜希子訳）だ。ヒントは子どものころ、好きだったことなど、意外と身近にあるものなのである。

身辺の「生きている事実」に目を向けよ

会社勤めの経験から言うと、仕事とは「やりたいこと」、「できること」、「やるべきこと」から成り立っているように思える。個人対会社で考えれば、「やりたいこと」と「やってもらいたいこと」になるだろう。この場合、「できること」、「やるべきこと」が後者にあてはまり、与えられた仕事、命令、指示された仕事となる。「やりたい仕事」にこだわれば、会社、社内の人間関係で摩擦が起こる。「やりたいこと」を我慢したり、あるいは、それが分からなかったりすると、仕事がつまらなくなる。やはり、そこにはバランス、調和が必要になってくる。「やりたいこと」で会社の仕事が成り立つのであれば、それほどすばらしいことはない。だが、現実はどうだろう。

これは人生においても同じではないだろうか。星川淳さんは自分のライフスタイルにおいて、農業、著述・翻訳業、遊びを四・四・二の割合にしてバランスをとっているという。どれが「やりたいこと」で、どれが「できること」か「やるべきこと」かを振り分けるのは難しいが、どれにも三要素はあてはまる。「やりたいこと」が「やるべきこと」になるときがある。

私は仕事や会議、イベント、読む本などあらゆることに対して、それは「使命内」か、それは「使命外」かと、選別している。「やりたいこと」、「できること」、「やるべきこと」の明確な選別作業、フォーカスすることが必要だと思う。それぞれをくっきりと浮かび上がらせてみれば、バランスをとることもできるし、すべてを融合してしまう方法（「半農半X」）も考え出せる。

問題なのは、「やりたいこと」がほんとうにない、と気づいたときである。私自身を振り返ると、何か気になること、昔から好きだったこと、目に飛び込んできたこと、大事だと思うことに目を向けて「X」を絞り込んできたように思える。身辺の生きている事実を直視すれば、意外と視界は開けてくる。

もしかしたらと思うものがあれば、とにかくやってみる。あるいは、できることから始めてみる。どんなに小さくてもいい。たとえば、いい言葉に出合ったら、それをハガキに書いて友人に贈ってみる。そこから物語が始まっていく。やっていく過程で、それにより関心を抱き、情熱を注ぐことができれば、それがほんとうにやりたいことと思える場合もある。私は人生の過程が「何をやるか」の模索の連続であっていいと思う。人生を終えるころ、「何をしたか」との自問に答えられればいいのである。

お気に入りの彼女の畑を見に行く――感性の偉大さ

都会には何もかも用意されていて、与えられることに慣れきっているのも、やりたいことが見つからない一因でもある。つまり、そのせいで自らが何かを考えだすことができないのだ。

私はそういう人にこそ、「田舎に遊びに来なさい」、「田舎にたまには戻ってきたらどうですか」と声をかけてあげたい。人、もの、情報があふれたところから、それらが希薄なところへと、身を置く世界を変えてみれば、それまで気づかなかったことや、見えなかったものが鮮明になってくる。探し物は意外と足元にあったりする。再三述べたように、田舎は絶好の思索空間である。

だからといって、「田舎に住みなさい」とは言わない。田舎と都会、半々に暮らしてもいいし、週末だけ田舎を訪れるのでもいい。自然の中でふと心によぎる思いを大事にすることである。

一九世紀のアメリカの思想家、ヘンリー・D・ソローが「人間には野性という強壮剤が必要」と言っている。ソローは二年二カ月の間、森の中で独居生活をしている。究極のシンプルライフを送ったのである。今なお、ソローの『森の生活――ウォールデン』は人々に大きな影響を与えつづけている。

田舎には自然からもらえるインスピレーションがある。それが人間の創造的な活動や暮らしに刺激を与える。

それに、肉体労働である農業をすることで、また、私だけにいのちを差し出してくれる他の生命のおかげで、食のありがたさを知り、「いただきます」の言葉が自然と口をついて出るし、流れる汗にも心地よさを感じることができる。空腹は何にも優るソースだ。さらには、生命の循環、万物との対話、こうした基本的な感性が得られるのが田舎という空間である。感性は思考力の源なのである。

大阪から綾部に移住してきた蕎麦打ち職人の方が田舎暮らしツアーの際、わが家の田んぼに素足で入ったとき、祖父母、両親、子どものころなど昔のことをいろいろ思い出されたと言っていた。大げさかもしれないが、感性があれば時代の流れ、変化、機微に対応できるのではないだろうか。生きるということは、変えるべきことと変えなくてもいいことの交錯だと思う。

自然が人間の五感に与えるものには、メッセージが込められている。たとえば、五感は災害や実りの多寡を教えてくれる。それに、自然は偉大な作家である。綾部に移住してきた芸術家たちはそれを知っていて、自然から学ぼうとしている。都会で芸術活動をしていた人が田舎に来ると作風が変わるという。芸術は心が作品に反映されていく世界だ。

ニューギニアのオロカイヴァ族では、少女が結婚する前に、相手の少年の菜園を見に行き、ソロモン諸島のマライタ島では少年が少女の菜園を見に行くという話が、『経済人類学への招待』（山内昶著、筑摩書房刊）に紹介されている。菜園から相手の性格を読み取ることができるのだと固く信じられているという。

畑や土、植物、虫、空気、水と心を通い合わせる人を結婚相手に選ぶ。これは感性から導き出された思想といえるかもしれない。気になる異性の畑を見に行き、相手の魂に触れ、この人だと直感して結ばれる。私たちもこうした感性を取り戻す日が来るだろう。やりたいこと、好きなことを見つけるためにも、感性、感受性がとても重要なキーワードになる。

「X」は自分が変わるきっかけになる

私の「半農半X」のゴールは？

鶏の孵化は親鳥と雛《ひな》の協働によってなされる。雛が卵の内側から殻をつつくと、親鳥が外から殻をかみ破る。これを「啐啄《そったく》」と呼ぶ。「啐」はつつく音で、「啄」はかみ破ることだ。禅宗ではこの啐啄をたとえに、師と弟子が心を合わせることを「啐啄同時」と言い、このとき悟りが生まれるとしている。

教職を目指し、教育実習目前の二〇歳のころ、私はこの言葉を父から教えてもらい、以来、私の座右の銘となった。娘の名前、雛子はこの言葉に由来している。万物と気持ちを合わせられるような人に育ってもらいたい、という願いを込めた。

これは教育の根本だと思っている。子どもの成長したい気持ち、教師の伝えたい気持ちがひとつになったとき、子どもは伸びていくのではないだろうか。

私の「X」であるミッションサポートも同じだ。「私ができることならなんでもします」と願い、また、自分のミッションを探し、かなえたいと思っている人と、お互いの気持ちがひとつになったとき、新しいひとつの「X」が誕生する。最近はそんな人と会えば、何か生まれそうな気がしてワクワクする。

私の「半農半X」のゴールは、多くの人たちと一緒にそれぞれの「X」を見出していくことであり、こういう生き方もあると世界に伝えていくことである。

「定年帰農」という言葉に出合って、「あっ、これが私の生き方だ」と初めて自分の生き方が分かった人がいるように、この「半農半X」という言葉を多くの人に伝えていきたい。その役割を果たしていきたいと心から思う。みんなの自分探しを応援するのがとても楽しいのだ。それは、自分を探すことでもあるからだ。

あなたの看板商品は何?

人と人をつなぐ達人と言われた、日本資本主義の父である渋沢栄一は、小さな農に生きる私たちとは対極に位置する人だが、この人もミッションサポートを「X」にしていたのではないかと思う。渋沢栄一は実業家でありながら、「大金持ちになるのは悪いと考えている。多くの蓄積には際限がない。極端に考えて、もし一国の財産をことごとく一人の所有物としたら、どういう結果をきたすであろう。これこそ国家の最大不祥事ではあるまいか」と、人間の心に潜む欲望肥大を危惧していた。

そして、実業家の心がまえとして、知識ある人、よく働く人を多く出して国家の利益を図れと説き、「一人が巨額の財産を築いてもそれが社会万民の利益になるわけでもないし、要するに無意義なことになってしまう。無意義なことに貴重な人間の一生を捧げるというのはばかばかしいかぎりで、人間と生まれた以上はもう少し有意義に人生を過ごすべきであろう」という要旨のことも言っている。

先ほど紹介したソローは渋沢栄一とほぼ同時代人である。ソローが多感な青春時代を迎えたころのアメリカは、イギリスの産業革命の波に乗り、物質主義と金権主義がはびこっていた。ソローは仕事至上主義の生活を、たんに金を得るための仕事は何もしないのと同じだと批判した。それは粗雑に人生を生きているにすぎない、と。そのような生活の根底にあるのは他人の評価で、つまり、家、服などの自分の外面を他人に羨望してほしがる心だと指摘している。彼らの指摘は、かつてバブルに踊り、アメリカンスタンダードに翻弄される現代の日本人にとっての警鐘となりえるものだろう。

ソローは社会批判をしつつも、まず自らが変わっていく道を選び、真のいのちの営みとなる生活を志し、森の中に入った。

環境問題に携わっている人の多くが最初は社会を変えようと、社会に働きかける。しかし、社会はそう簡単に変えられるもではないと思い知らされ悩む。そこで気づいたのが、社会はすぐには変えられないが、自分は変えられるということだった。一人ひとりがそう思い行動すれば、社会はおのずとカタツムリの歩みのごとくゆっくりと変わっていく。マハトマ・ガンジーの「世界に変化を望むのであれば、自らがその変化になれ」という言葉がある。

だから、できるだけ自分に素直になり、ほんとうの自分のやりたいことを探し、できることから始めるのが大切なのだ。「真の幸福はまず自分一人が楽しむことから始まり、選りすぐったほんの一握りの友人との交際で育まれる」（イギリスの詩人、ジョゼフ・アディソン）のである。

自分自身の人生のビッグプロジェクト、リーディング（最優先）プロジェクトをかなえるには、自分の「強み」は何かを知ることが大事だ。一人の人間として生きていくにあたり、自分のブランド、看板商品という自分を印象づけるもの、社会のために役立てるものがなんなのかを見つけなければならない。自分の得意なことに光をあて、どんどんそれを伸ばして社会に役立てていけば道は開かれていく。

第五章

「半農半X」は問題解決型の生き方だ！

さまざまな社会病理を乗り越える知恵

「半農半X」人の自作自演の生き方から、何が見えるか

「感じることを大切にしたい」

新潟の巻町の西田卓司さんは自分の「半農半NPO」の生き方を、「自作自演の映画に出ているようなものだ」と表現する。

脚本、監督、主演、すべて自分で、優れた助演者に囲まれている。だからこそ人生は面白い。多くの人の人生が、自作自演でないところに問題があるのだと思う。自作自演とはわがままであることではなく、心から欲することを表現していく生き方である。

紙漉《かみす》き人、ハタノワタルさんは綾部の黒谷《くろたに》で紙漉きを始めて七年。東京の美大で油絵を専攻していた。大学卒業後、デザイン会社に勤めていたころ、あるとき、なぜか三日間涙が止まらなくなった。それがきっかけで会社を辞め、北海道で放浪生活を送

るなかで、パートナーの幸《ゆき》さんに出会う。これまでいろいろな産地の和紙を使ってみて、黒谷の和紙がいちばん強くて、信頼が置け、なおかつ、自分のスタイルにぴたっとくるという。最初から最後まで自分の目が届く仕事がしたいと思い、綾部を訪れた。

紙漉きにおけるハタノさんのモットーは「無欲」。どういう意味なのか問うと、「欲が出ては長く残るものをはつくれない」と答えた。でも、欲張ってしまう自分がいる、とつけ加えた。

ハタノさんは空間に興味があると言う。

「空間っていろいろなところに広がっています。室内空間もそうですし、音の中や、頭の中の世界とさまざま。そのなかには自分がいちばん心地よいリズムがある。どうやってリズムを見つけるかは人それぞれだけど、僕は空間に広がるノイズの中に、あるきっかけを見つけ、そこから身体の中心に感じるものにのっていく。頭で考えてはダメ。思考は感情を増長させ、観念をつくり出す。観念はいろいろなものを区別し、変化を求めるような気がします。変化を求めるのは、今を否定すること。感じるものを大事にすること。そのためには自分の好きな空間に身を置くことが大事だと思います。そして、感覚は自分を成長させ、進化させるんだと思います」

ハタノさんは綾部についてこんな思いを持っている。

「気持ちがよいところ。落ち着くところ。たとえば、そのへんのおっちゃんやおばちゃんと喋ってても、生きてるなあって思う。リアリティにあふれているというか、浮いてないっていうか……たぶん、土地が人間の足を離してくれないんやろな。とくに、今住んでる向田町《むこうだ》や、職場である黒谷は、次の仕事はこれみたいなことを周りの環境が教えてくれるという感じ。世間がなんと言おうとおかまいなしみたいなところもいい。よく人に言うのですが、綾部って雨降りの渡り廊下みたいなところ。世の中が混乱してても、ぼーっとその混乱を見てるんやろな。綾部には、自分のリズムですてきな生活を送っている人がたくさんいます。そんな人たちを集め、ひとつの集合体ができればいいなと思っています」

「四十代になり、人生を逆算して考えるようになった」

デジタルアーティストでありウェブデザイナーの相根《さがね》良孝さんは自らの内に眠る曲やイラストレーション、デザインなどをなんとしても形にして世に現しておかなければならないのではと、ふと感じると言う。それをしておかなければならない、そんな使命感みたいなものがあると。

相根さんが世に出しておかなければならないもの。それは何か。

一九五九年、綾部市の農村部に生まれた相根さんは、幼稚園教諭だった母親の勧めで幼少のころからピアノを習う。当時は嫌でしかたがなかったそうだが、それがいろいろな意味で、今の自分の大きな財産となって感謝しているという。

「親の仕事とは、子どもの才能が花開くように環境を整えること」と本で読んだことがあるが、人生を振り返ると、人生の主演者である私たちはみんな、そんな機会を、キャスト（親や師、友……）から用意されているのかもしれない。

私たちはそれぞれの人生の主演者であり、みんなの人生を応援する脇役でもある。

相根さんは中学からギターを独学で始め、高校時代にバンドを結成した。大学時代は関西のライブハウスで音楽活動を行った。大手有名レコード会社から誘いを受け、プロデビューをするはずだったが、天はなぜだかそれをさせなかった。

一九八二年からコンピュータによる音楽を始め、八六年ごろからグラフィックに転向。九四年からマックを使いはじめ、九七年からデジタルアートを始める。第三回日本デジタルアートコンテストに入選し、以降、ＣＧクリエーターとして作品を世に出している。

また、ウェブデザイナーとして、多くのホームページも制作している。「里山ねっと・あやべ」のホームページも相根さんにお世話になった。市内外の発信には「哲学を持ったデザイン力」が欠かせない。

大学時代、ライブのチラシやチケットを制作するなかで、デザイン力を身につけ、印刷の世界にも足を踏み入れる。マックやイラストレーションなどさまざまなソフトは相根さんの天の才を世に活かすことを応援するよきツールだ。相根さんはそんなツールを自由に使えるこの時代に生を受けたことを感謝している。

頭の中で音が鳴り、それを書き留め、楽譜にしていく。また、真っ白な紙に向かい、鉛筆を走らせ、絵が描かれていく。形になっていくことが自己への最高の癒しとなる。

人はなぜ表現するのか。相根さんに会って考えた。それぞれがそれぞれの天与の才を世に活かし合い、それぞれのミッションを表現していく社会（表現社会）が、時代がきっと来るだろう。

相根さんがこんなことを漏らした。「四十代になり、人生を逆算して考えるようになった」と。とても印象的な言葉だった。

ゆったりした時間を持つ——心豊かに暮らす生き方

「あかり」を作っている大石明美さんは京都市内で生まれ育ち、北桑田郡京北町（現・京都市）、船井郡和知町（現・船井郡京丹波町）と北上し、新しい世紀の幕開けのとき、綾部に移住してきた。大石さんは気がついたら、「あかり」をつくっていたという。和紙、羊の毛からつくるフェルト、蔓《つる》と樹皮、草の穂や流木など、身近な素材から生まれる大石さんのあかり。

大石さんは二〇歳のとき、友人の留学生の家に遊びに行き、部屋のあかりの使い方に衝撃を受ける。

日本のように煌々と直接照らす照明ではなく、間接的な照明はとてもうす暗く感じたという。でも、妙に落ち着く、心安らぐほの暗さだった。なぜ日本のあかりはこんなに明るいのだろう。そんなことを感じるなか、夜の唐招提寺を訪れる機会があり、満月の下、萩の花を挿した行灯《あんどん》がいくつも参道の両脇にしつらえられていて、その幻想的な光と影に魅了された。

二〇世紀までは太陽の時代と言われていた。暗闇を忌み嫌い、遠ざけ、隅々まで人工光で照らしていった私たち現代人とはなんなのだろう。大石さんの話から、あかりとは太陽と闇とをつなぐもの、幸せの神を降臨させる依代《よりしろ》（神霊が招き寄せられて乗り移るもの）のようなものかもしれないと、私は思った。

大石さんは、授業中に絵の先生が「寝るのも食べるのも忘れるくらい絵が好きな人、いますか」と聞かれ、ただ一人、手を挙げるくらい、幼いころから絵や漫画を描くのが大好きだった。高校時代は朝早くに学校に行き、詩を書き、言葉の世界も愛していた。あかりをつくる前は、コピーライターとして活躍していた。川島テキスタイル・スクールで本科、専攻科を修了後、世界的に活躍する関島寿子さん、本間一恵さんよりバスケタリー（かごなどの編み組み技法）を学び、一九九二年より自然素材によるあかり制作を始めた。

数年前までは、全国各地でグループ展や手仕事ギャラリーの企画運営をし、また、自らの個展にと忙しい日々を過ごしていたが、今は、周りの景色を楽しみながら、心豊かに暮らす生き方へと、意識的な変化を遂げつつある旅の途上だと、大石さんは自身を振り返る。

いつものように小さな畑を耕し、山に分け入り、蔓《つる》を取り、友人の住む浜辺で流木を拾う。

満ち足りた暮らしの中で、「地球の贈り物たち」と出合い、素材や自分自身の心と対話をしながら、「あかりの宇宙」を深めていく。「自然素材たち」は大石さんというパートナーと出会って、世界でひとつのあかりとなっていく。

一九九七年の一〇月、若杉友子さん、典加《のりか》さん親子は、静岡市から綾部へ移住してきた。二人は知る人ぞ知る、その世界では有名な野草料理、自然食の研究家である。若杉友子さんは高名なマクロビオティック（東洋の食哲学）の桜沢如一《さくらざわゆきかず》の哲学を受け継ぐ。

二人は肉や魚、牛乳、卵、砂糖などを使わない暮らしを実践し、先人の生活哲学である「身土不二《しんどふじ》」の暮らし、「自給自足」に近い暮らしを楽しんでいる。「身土不二」とは簡単に言うと、食べものにも人間の身体にも、生産された、あるいは、育った土地の空気、気候環境、風土が宿っていて、食べものと人間のそれらが一致すればするほど、身体にいいという食生活の考え方である。

典加さんは機関誌「萌《もえ》」を発行し、全国の会員に向けて、自然な暮らしや食、そして、二一世紀の生き方についてのメッセージを送ってきた。私も以前からの会員であり、京都市内に住んでいるころ、不思議と出会っていて、綾部への移住には驚いた。農体験など、季節のイベントを催し、多くのファンが二人の住む奥上林を訪れる。自然食の世界でも先駆者だ。

二〇〇〇年一一月に綾部で開催された京都府地域活力創出シンポジウムの交流会では、遠方からの旅人にまさしく「ご馳走」を振る舞ってくれた。素材、調味料を吟味し、「身体が喜ぶ」、いわゆる温故〝創〟新のおいしいごはんだった。

メニューは「やさいおこわ、あわごはん、けんちん汁、きんぴらごぼう、ごま豆腐、おから煮、車麩の唐揚げ、おからのつくね、天然あさつきのぬた、生姜のつくだ煮、らっきょう漬け、鬼まんじゅう、生八つ橋」の一三品。

若杉さんは和綿の種をまいて、いつか自分で糸を紡ぎ、服をつくりたいと言っている。

「衣の自給」を目指して、「心地よい暮らし」を求めて、さらなる一歩を踏み出している。

若杉さんの料理教室は月一回行われ、たいへん好評である。「綾部力」はこうして高まっていく。

おいしく安心な米づくり、それがライフワーク

綾部市志賀郷町在住の四方《しかた》英喜さんは、二一世紀の生き方、暮らし方を模索する人を紹介するテレビ朝日系の人気番組「人生の楽園」に二度出演経験がある稀な人だ。「四方」は綾部でいちばん多い姓である。四方さんは綾部生まれだが、高校卒業後、進学と同時にまちを離れ、二二歳から四五歳になるまで、京都・大阪・四国・大阪・東京・京都と転勤の多い人生だった。服飾文化に貢献すべく、ジーンズ販売一筋、営業人生を満喫。そして、二七年ぶりにUターンした。

二三年間、勤務したジーンズ会社を退職し、家族（妻、長男、次男、長女）を巻き込み、綾部市の田園ひろがる志賀郷町に住居を移して、「安心で食味の良い米生産専業の、それを直売するお百姓さん」を目指して新生活をスタートした。

かねてから健康のために安全でおいしい米をつくって、それをライフワークにしたいと念じていた。

「私の四五歳の節目にと、定年のない職業である農業に転職を決意しました。

お米づくりに関して、私は今まで、いのちを守る米をつくってそれを自分で販売したいという気持ちはおおいにあったものの、生産に関してはまったく無縁だったのです。私の生家は履物の小売業、妻の実家は酒・たばこ販売の小売業で、どちらも農業にはほとんど縁がなかったのです。

やるぞ！　と自分で決断したものの、これがえらい目に遭ってしまったのです」

一日も早く一人前の百姓になりたいと願う四方さんは就農一年目、殺虫剤・化学肥料をいっさい使用しない、その道三十余年の、逞しく厳しくも優しいカリスマ米農家、井上吉夫さんに「そんな段取りで、半日遊ぶ気か！」「効率よく！　早く！　機械を遊ばすな！」「百姓をナメるな！」と連日、叱られ、怒鳴られた。また、体力に関して多少の自信（たとえばフルマラソンをいつも完走できるなど）があったはずだが、それももろくも崩れ、心身ともにハードな毎日を積み重ねた。

「草刈り機の振動や鍬の握りすぎで両手の指は関節炎になり、湿布だらけのその指は、朝起きたときにはしびれて動かず、身体も節々が痛んだ。大型特殊免許のトラクター、三〇センチの大羽根の草刈り機、六条植えの乗用田植え機、戦車のような五条刈りコンバインなどに振り回されフラフラになり、それを繰り返しながら、朝は六時から夜は日没後一時間まで、心ではカッコよく、人と地球にやさしい農業を目指すんだと気張り、がんばって田んぼで這いつくばる毎日が続きました」

と四方さんは奮闘の日々を振り返る。この間、減った体重は約八キロ。

意気込みこそ最大の力——素人からの米づくり

志賀郷町はＪＲ綾部駅から一三キロ離れた、昼夜の気温差も大きく、米づくりにはとても恵まれた土地で、初夏にはホタルが家の勝手口で飛び交い、川では乱舞している自然豊かな地域だ。高齢化率は高いが注目の面白い町だ。棚田を活かしたハス園があり、クリスマスには電飾を施したトラクターが里の子どもたちに夢を配っている。

おいしい、安心な米は、きれいな水ときれいな空気、たくさんのお天とうさまの恵み、有機肥料たっぷりの土、農薬・化学肥料に頼らないこと、そして育てる百姓の意気込みでできる、と四方さんは信じている。

四方さんは、殺虫剤、殺菌剤、ホルモン剤をいっさい使わず、努力も時間も惜しまず、うまみを出すための鰹の粉末とエキスのブレンド、米糠、有機肥料を主肥料にして、化学肥料を使わず懸命に「コシヒカリ」をつくっている。田植えは家族五人全員で力を合わせて行う。

なぜ一般に農薬（除草剤、殺虫剤）を多用するか、なぜ化学肥料を使用するか、あらためて述べると、その答えは、効率よく、楽に米の収穫量を上げるためである。それに、たとえば、曲がったキュウリ、ナスビより、真っ直ぐなそれが買い求められるのと同じで、まずは、見た目の綺麗さが一般に優先されているからである。安心とおいしさにこだわったとき、農薬を使わず、化学肥料に頼らない米づくりが求められる。

しかし、安心な米づくりとは、つくった人のみぞ知る並々ならぬ努力の賜物なのだ。

※注　スポーツマンの四《し》方英喜《かたひでき》さんは思いがけなく病気をされ、いま、懸命のリハビリ中。二十代後半だった長男・淳平さんが米づくりを担っている。師匠である井上吉夫さんの熱い指導が続く。地域のみんなも英喜さんの回復を待っている。

「志」＋「農工商」――創作家の生き方

「生活そのものが創作を導く」

綾部に戻ってきたことで、「X」の多様な社会という可能性がくっきり見えてきた。多様な「X」を持った人たちが綾部に集まっている。絵を描いている人、陶芸をする人、東洋医学の整体の人、ヘルパーの人などなどだ。こうした人たちのライフスタイルに接して、私の「半農半X」という考え方はシンプルな哲学になっていった。「半農半X」は、定年帰農や兼業農家の次なる形かもしれない。再三述べているように、「半農半X」はもう少し積極的な意味で、大好きなこと（天職）をしつつ、社会の問題を解決し、持続可能で心豊かに生きることを目的としている。

創作、工芸をしている人はただ田舎暮らしが目的ではなく、仕事の都合上、作業スペースの問題、音の問題などがあって田舎暮らしをしている場合も少なくない。しかし、そういう人も、自然な暮らしの中で作風が変わり、心のありようにも変化が生じる。私には「半農半X」のライフスタイルをすてきに生きているように見えてしまう。

屋久島の星川淳さんを訪ねた駒沢敏器さんは、著書『街を離れて森のなかへ』（新潮社刊）で、次のように言い表わす。星川さんの著訳の創作は自然生活の中から生まれた副産物で、創作活動がけっして第一の目的ではない。つまり、本を書くために自然の中に住んでいるのではなく、生活そのものが創作を導いているのだ。農業も自然との対話の手段であり、収入が目的ではないと。

綾部、あるいは近辺で創作活動をしている人たちが、創作、農業、生活のための収入獲得の関係をどのようにとらえているのか、どのようにバランスをとっているのか興味がある。

ギターづくりをしている小坂たけしさんに、そのことを尋ねてみた。四十代の小坂さんは一九九一年に綾部に移ってきたのだが、九七年に隣接する和知町（現・船井郡京丹波町）に移住し、「小坂弦楽器工房」を構えて、オリジナルデザインや建築古材のギター、新ジャンルの楽器を製作している。楽器の販売はインターネットでも行っているので、世界的な規模のマーケットを持っていると言えるかもしれない。この指止まれ型で世界に発信している。

小坂さんは農と本業の関係を江戸時代の身分制度である「士農工商」を用いて、言い表わす。武士の士の下に心をつけて志にすると、ライフスタイルの像が浮かび上がってくるという。

「最初に『志』があり、『農』ある暮らしがある。そして、『工』であるギターをつくって、それをどうマーケティングするか。これは『商』だ。芯は夢とか志で、農ある家族との暮らしがあって、工の作品もあって、それが商われ、誰かの心に響く楽器となったらいい」

小坂さんはギターづくりに行き詰まると、田んぼや畑に行って、草の葉っぱとかマツボックリなどを眺め入る。自然の造形物が楽器の形に影響を与えるらしい。自然界はデザインの宝庫でもある。世界でひとつの作品が今日も小坂さんの手によって生まれる。

オープンハートが幸せを引き寄せる

「半農半X」を追求している人はていねいに暮らしや人生を楽しんでいる。

移住者たちを見てみると、日常的にはお金をかけないようなシンプルな生活をしているが、おいしいワインを飲み、いい音楽を聴き、自然の中で自身との対話から何かを生み出していっている。とくに、目立つのはよくホームパーティやミニコンサートを自宅で開いていることである。みんな料理も上手だし、ほんとうに人生を楽しんでいるのがよく分かる。

移住者の家計のエンゲル係数は高い。醤油や塩などにも凝っていて、安心でおいしい食材に惜しみなくお金をかけるからだ。外食をするより、家で蠟燭《ろうそく》を点して食事を楽しんでいたいと言う人が大半だ。友だちをよく招くので、友だちがさまざまなアイデアを運んできてコラボが生まれる。

持ち寄りでするパーティも面白い。みんなそれぞれこだわりの創作料理があって手間をかけてつくっている。

移住者という新しい風に、綾部もすこしずつ変わりはじめていく。

移住者の中には、自分探しで田舎暮らしを始めた人もいるが、みんなに共通しているのは、心を開く、つまり、オープンハートで他者との関係性をつくっていることである。関係性の回復、関係性の再構築と言ったほうがいいかもしれない。スローライフとはつながり直すことと言われるが、ほんとうにどんどんつながっていく。今はそういう時代なのだと思う。

みんな何かを探している。そういう原石、自分の輝くものを探すには、根っことなる地域性と多様性の掛け算が今とても大事で、社会との関係があってはじめて自分のミッションが浮かび上がってくる。

どう生きる、定年後の第二の人生

生き方を試されるセカンドライフ

都会人の田舎暮らしは今に始まったわけではない。すでに第三次田舎暮らしブームと言われて数年経っている。

田舎暮らしをするとなると、子どもがいる場合、教育を含めた子どもの将来という問題が無視できない。私も娘が就学前なので、娘の今後を考えざるを得ない。それは既存の価値観とどう折り合いをつけていくかということでもある。子どもの受験準備が始まっている場合を考えると、「半農半X」にチャレンジするとすれば、それが終わるのを待つか、定年退職後のほうがやりやすいだろう。しかし、地球温暖化はそれを許すだろうか。結局、私たちがどう生きるかという問題である。

「半農半X」を実践するならば、自分の才能、個性、特技を社会に活かし役立てながら、それを換金できるかどうかということが大事だと思う。そうなれば、かなり厳しい時代においても、やりたいことを見つけた人にとっては幸せが見えてくるだろう。その始まりは自分の大好きなことをするという決意以外にはないだろう。好きなことを始める、実行こそが最大の戦略だ。

サラリーマンが定年になると、二、三カ月のうちに空虚感、疎外感にさいなまれるという。このころになると会社関係の人からの音信も途絶え、それまでのサラリーマン生活が遠い過去のものになっていることに気づくのである。それはつらい日々の始まりだそうだ。もう会社の名刺は使えない。それで、何も準備をしてこなかった人には、セカンドライフの幕がなかなか開かない。

多くの人にとって、どう生きるのかを初めて試されるのが、セカンドライフである。人生にも戦略がいる。

惰性で生きるか、「X」を見つけてそれを表現していくか。定年者（定年になった人）のほとんどが、人の役に立てる生き方ができたらと願っているという。また、鬱々とした過去への思いを断ち切るために、新しい世界に身を置きたいと田舎暮らしを望む人も多い。実際に田舎暮らしを始めた定年者に聞くと、日々、新しい発見がそこにあり、それが活力を取り戻してくれると言っている。もちろん、何もかもが新しい体験だから、それなりのつらさはあるが、逆に、前向きに乗り越えていこうという意欲が湧いてくるのだそうだ。

伝統、文化、生活の知恵の伝達——定年後、人はどう「X」を表現するか

充実した第二の人生を築き上げたいと願う人が、綾部の地元の人々の間でも増えている。今は生きがい創造の時代だ。

二〇〇〇年六月、綾部市奥上林《おくかんばやし》地区のお年寄りが気軽に交流できる場をつくろうと、「ボランティアグループ・ミズメ」が発足した。グループ名である「ミズメ」は地域にあるカバノキ科の大樹、ミズメにちなんでつけられた。このミズメは推定樹齢四〇〇年で、林野庁の「森の巨人たち百選」に選ばれた。

奥上林地区の高齢化率は五九・八パーセントで、綾部でいちばんである。峠を越えるとそこは福井県だ。「フォークの神様」と称された歌手の岡林信康さんが一九七二年から七六年まで、田舎暮らしをした地域として知られる。

このグループは毎月二回、陸寄町《むつより》センターに集まり、「高齢者サロン・ミズメ」を

開催している。利用者の送迎や食事の支度などは支援スタッフが交替で行う。

代表を務めるのは、陸寄町在住の野々垣ミヱ子さん（七四歳）。官公庁などに長く勤務した経験を持つ野々垣さんは私のペンフレンドである。野々垣さんは「お年寄りの心のよりどころとなるようなサロンにしていきたい」と、サロンの運営に情熱を傾けている。

二〇〇三年三月、すてきなイベントが開催されると聞いて、参加させてもらった。参加者のお年寄りやスタッフが自分の家に伝わる一品を持ち寄り、一緒に舌鼓を打つというものだ。四〇品を越すごちそうが部屋中に並んだ。イタドリの塩漬けなど保存食や風土食をはじめ、初めて食す料理も多かった。私たちが住む地域とはまた文化が異なるのだろう。ひと山越えると農具も食も水もすべて異なる多様性の宇宙がある。市街地から離れていることで世俗化されず、ここでは大事なものが守られている。

伝統食に関心を持つつれあいと参加したかったのだが、幼稚園の行事と重なって実現できなかった。私は「こうした風土食には若い世代も関心がある。ぜひこのことを伝えつづけていただきたい、それまでお元気で！」と激励とお礼の言葉を述べさせていただいた。

この企画にはおおいなる可能性がある。

というのも、民俗研究家・結城登美雄さんが宮城県加美郡宮崎町（現・加美郡加美町）で「食の文化祭」を、桃生郡北上町で「食育の里づくり」を成功させていると伝え聞くからだ。

宮崎町の体育館で開かれた食の文化祭では約一〇〇〇品が出品され、一日で約一万人が来場したという。

結城さんは北上町のスローフード文化について、『増刊現代農業』の『スローフードな日本！――地産地消・食の地元学』（農文協刊、二〇〇二年）で紹介している。

「宮城県北上町。海と川が出会う、人口四〇〇〇人の河口の町にも、もうひとつのスローフードがある。（中略）何もないはずの北上町の女性たち一三人にアンケートを試みた。一年間自家生産している食材にはどんなものがありますか？　いつ頃種をまき、いつ頃収穫しますか？　さらにそれらの食材をどのように調理料理、加工保有をしていますか？

このわずらわしい問いに全員がていねいに答えてくれた。その数なんと三百余種。内訳は庭先の畑で育てる野菜や穀類が九〇種。里山から山菜などが四〇種。きのこ三

○種、果実と木の実が三〇種。海から魚介類と海藻が約一〇〇種。そして目の前を流れる北上川からウナギ、シジミなど淡水魚が二十余種。天然記念物のイヌワシが舞う山々。リアスの海。その海と出会う大河北上川。ていねいに耕された畑。そして、黄金色の稲穂実る田んぼ。そこは知られざる食材の宝庫であった。海、山、川、田、畑。食材を育む自然要素をこれだけもっている風土はまれなのだが、なぜか人々はこの町を何もない町と呼ぶ。おそらく（宮城県）宮崎町同様、この町にもコンビニもファミレスも商店街らしきものがないからだろう」

現代は世代間のコミュニケーションが隔絶された状況にある。これは社会病理のひとつである。

人間の発達の歴史は、世代から世代へ生きる知恵を伝えていったことによる。伝統、文化、知恵の継承を担うことは、お年寄りのかけがえのない「X」の表現となるにちがいない。移住した定年者であればかえって新鮮で、それまでに得ている知識、技術を新しい地で若い世代に伝えていくこともできる。つまり、文化のコミュニケーターとしての「X」を表現するのも、第二の人生を築くためのひとつのヒントになるかもしれない。「X」のヒントは実はあちこちにころがっているのだ。

「あんなふうに歳をとりたい」と思われるのも「X」だ

九二歳になる東京・築地の聖路加国際病院の日野原重明さんが二〇〇〇年九月に「新老人の会」を旗揚げしている。七五歳以上の心身健康な高齢者を「新老人」と定義づけて、その知恵と経験を結集して社会に還元していこうという運動である。八五歳以上の人には「真老人」の敬称を与えている。「愛し愛されること、創《はじ》めること、耐えること」の三つがスローガン。

よき文化・習慣の伝承、戦争体験の継承、健康情報の提供、会員相互の交流・触発、真の教養ある生活習慣による望ましい生き方の普及などをおもな目的としている。若い世代との交流にも力を注ぐ。

人間が前向きに生きるには、モデルが必要だが、今はモデルがない。新老人の会では、若い人に「あんなふうに歳をとりたい」と思われるモデルになろうと、日野原さんは呼びかけている。長い人生で培った知恵や経験を子や孫の世代に伝え、還元していくのだ。たしかに、私の子どものころには、真似をしたくなる魅力的な大人がたくさんいたように思う。ところが、今の子どもたちを見ると、大人をモデルにしようとしなくなっている。その原因を日野原さんは教育にあるという。

大人が「あれもダメ、これもダメ」と言う禁止型教育では、子どもの心が離れていくのはあたりまえで、学校教育もそうだと、日野原さんは教育の問題を危惧する。そこで、「don't」から「let's do」への提案型教育を提唱し、提案型教育に変えれば、思いやりやいのちの大切さも育まれるのではないかと期待しているという。

その一助となりうるのが、お年寄りや定年者の知恵と経験なのである。お年寄りにも、新しいことをどんどん始めてほしい。今、この国は「創《はじ》め」なければならないことがいっぱいある。その機会に満ちた国であるはずだ。

「コミュニティビジネス」と「農的なもの」の融合

「半農半ヘルパー」は、高齢社会での生き方のモデル

愛媛県上浮穴《かみうけな》郡柳谷《やなだに》村（現・上浮穴郡久万《くま》高原《こうげん》町）では、村長の主導で一三〇〇名余りの村民のうち、一三一名がヘルパーをしているという。村の単独事業で四年かかって養成した。村の高齢化に、自分たちで問題解決を図ろうという志が感じられる。

柳谷村をぜひ訪ねたい。「半農半X」的な生き方を、村長が村民に提唱していたと言えなくもない。農村の高齢化は加速的である。五十代、六十代の人が上の世代の介護をするといった社会が定着すれば、一世代のみならず若い世代がそれを受け継いでいく可能性は高い。

財政難に苦しむ地方自治体にとって、医療費、介護費は切実な問題である。民間の

ヘルパーの必要がなくなるとすると、それにかかる費用を地域対策に使える。ヘルパーは使命感が持てる仕事で、使命感は人々に活力をもたらす。したがって、医療費の低下につながる。自立自存の高齢社会は夢ではない。ユズで有名な高知県安芸郡馬路《うまじ》村をはじめ、今、四国が面白い。

綾部市には、NPO法人「綾部福祉フロンティア」（曽根庸行理事長）の高齢者移送サービスがある。利用は病院、施設の往復に限られ、最初の五キロが三〇〇円で五キロごとに一〇〇円増える。

利用者は会員制になっていて、独居や老夫婦だけの世帯、身体が不自由な人が大半で、その数は一〇〇〇人。月の利用者数は平均延べ三〇〇〇人前後だ。

一〇〇人余りの運転者はボランティア会員で、車も提供する。七〇人ほどいる男性のほとんどは定年退職者。「退職後、社会の役に立ちたかった」と使命感を持って活動しているという。

女性は主婦が多い。ボランティア会員は「半農半X」の暮らしをし、満足感を持った生き方をしている。

どの地域でも、各家に遊んでいる車があり、この高齢者移送にみんなで取り組んでいけたらと思っている。車の運転が好きな人が、高齢者移送をするのが理想だと思う。好きなことを社会に役立てたらいい。

このように、今後、コミュニティビジネスと農的なものが融合するようになってくるのではないかと、私は思っている。「半農半X」の「半X」の理想形のひとつは、疲弊が進むそれぞれの地域での「コミュニティビジネス」になるだろうと、私は予測している。

子どもの教育に農業体験を

私は田んぼに裸足で入るのが好きだが、農的なことで感性が鍛えられる。感性が鍛えられればそれだけ生き抜いていける可能性は高くなるのではないだろうか。一週間、山にこもっていると野生の勘が戻ってくるときいたことがある。自然に対する感性、恐怖心、畏敬の念、不思議さを感じる心が培われるのだろう。それは生き方のセンスと万物へのセンスだ。ほんとうに何が大事かわかるセンスだ。人間には自然へのセンスと、何がほんとうに大事かが分かるセンスが必要なのではないだろうか。農はそれらを取り戻すきっかけを与えてくれる。

「センス・オブ・ワンダー」「使命多様性」「世代」「小さな暮らし」「与える（これまでの価値観は「求める」）」といった考えが大事になると思う。与えたほうが幸せかもしれないという社会づくりができたらいい。アメリカ先住民のある部族では「give away」という生活哲学があり、自身の持ち物や故人の遺品をいろいろな人にプレゼントする。

子どもを幼稚園に送っていった際、見知らぬおばあさんに挨拶をしたら、おばあさんが「声をかけてくれたから」と喜んで、家に戻って、ビールをくれたことがある。声をかけるというのは、気を配ることである。仏教の先生に教えてもらったのだが、遠慮とは遠い未来への配慮だそうだ。

「半農半X」を実践するにあたって、表現する手段や手に職があるというのは強い。

ギター作家の小坂たけしさんの妻、生代《いくよ》さんは保母の資格を持っている。綾部に情緒障がい児、自閉症児のための心理療法センター「るんびに学園」ができた。農業などの自然体験をとおして心を癒やし、社会復帰させることを目的としている。四十代の保母さんが必要だとの声がかかり、生代さんは学園のスタッフになった。

生代さんはピアノとアコーディオンを弾く。小坂さん夫婦は、バイオリンの仲間と演奏会を各地で開いてきた。アーティストは平和に関心が高く、音楽を通じて人々を癒やしていく活動をしている人が多い。

綾部には「るんびに学園」の他にも、全国的に有名な聴覚障がい者の施設「いこいの村」がある。そこでも農業をしたり注連縄《しめなわ》づくりをしたりしてきた。

「るんびに学園」では農業、炭焼き、林業、パン焼きを行う予定という。みんなで無農薬の米をつくって、それをぜひ販売してほしい、と思っている。

草取りをしつつ思うことがある。田んぼには多くの生命を育み、人を教育し、心を癒やすなど、なんて多様な力が秘められているのだろうと。

おこさない「村おこし」「まちおこし」

「村おこし、まちおこしと言うけれど、おこさない村おこし、まちおこしをめざしたい」

田畑を耕さない自然農を行っている人の発想に驚き、なるほどと思ったことがある。

自然農は自然の生態系を最大限に活かす農である。耕さず、農薬・肥料を用いず、草や虫を敵としない。機械も使わない、永続可能な栽培方法だ。耕すと、田畑が本来持つ地力を失ってしまう。田畑で営まれている生命の循環は土にとって栄養になる。草は枯れ、虫は死んで土に還る。そうした自然循環の営みの中に人間の労働を組み込み、人間と自然環境との共生を図る。田畑内における自然の生態系を回復維持させながら、農作物を生産するのである。自然農は虫も草も敵としない。

しかし、現代農業は収量を上げるために、田畑を人工化する。それは自然の生態系を壊すだけではなく、人間の健康にも害をおよぼす。

今までの村おこし、まちおこしのやり方は、いい面も悪い面もあるが、外部の力を借り、どちらかと言うと人工的である。その人は、それではほんとうの「おこし」ではないのではないかと言いたかったのだろう。

たしかに、どの村、まちにも地力があるはずだから、それに光をあてることで、その村、まちの本来の味わいが出てくる。つまり、外から輸入するのではなく、気がつかなかったもの、潜在的にあるものにもう一度、光をあて「X」を探すことが必要だ。これがほんとうの「おこし」だ。人工的な村おこし、まちおこしはややもすると、自らのアイデンティティを失いかねない。

やはり、地元学だ。これからは「あるもの探し」による「まち整え」が、村やまちの大きなテーマになるにちがいない。実は、その意識は育ちつつある。常に何かを持っている、何かがあるという前提に立ち、新たに何かを外から入れなくても、引き出すことが大事だと考えるようになった。最近では、「村育て」「まち育て」というような言い方をすることもある。「おこし」から地域に根をしっかり下ろした「育て」へと、地域づくりの意識が変ってきている。そこに介護だとか教育などのコミュニティビジネスを起こすチャンスが続々と生まれる。

NPOの数だけ、社会に課題がある――ビジネスの芽

農業に従事している人の中には、専業でありながら、社会的な「X」を持っている人も多い。たとえば、身体が不自由だとか、仕事の関係で農業ができない人のために食糧をつくりたいという「X」を持っている、綾部の若き農業者である河北卓也さん(三十代)は、綾部産の山田錦で、綾部にこだわった日本酒「穂乃花《ほのか》」を酒屋店主らとつくっている。沈み行くこの綾部をなんとかしたいと立ち上がった。河北さんは農業系NPO「あやべ農業友の会」の理事長で、また「里山ねっと・あやべ」の理事でもある。

農業だけで食べている人が、必ずしも農業だけで心の平安が保たれているとは思わない。なぜなら、高齢者のためとか、地域の子どものためとか、いろいろな公益の活動をしているからだ。社会的な活動は、充実した生き方をさらに促進する。こうした意識の高まりは、人が生きていくうえでも大切なことであり、社会にとっても希望ある未来が期待できる。

現代では、凶悪犯罪の増加、モラルの低下といった社会にとってのマイナス要因が顕著だが、他方では、「X」を活かして社会をプラスの方向へ導いていこうとする人が増えてくれば、社会はプラスの方向に針路をとるだろう。

今、NPOがたくさんできているが、それだけ社会に課題があるととらえることができる。そのなかで、ビジネスチャンスではないが、自分が役に立てることがあると考えたらいい。NPOの数だけミッションがある。実はそれはすごいことだ。今、日本企業もますますミッションが問われてきている。

それも単なるボランティアでないものだ。若者や女性に起業を勧める片岡勝さんが「ビジランティア」という表現をしていた。ビジネスとボランティアの合成語である。

要は仕事おこしで、自分の得意技と社会の接点を見出し、仕事にしていこうというものである。自分の長所を見つけ、それを社会に役立てるようにして、事業化を図っていく。市民起業、社会起業が、これからの時代の新しいスタイルになると思われる。

その意味で、自分を人生の経営者として見ていく視点も必要だろう。長く環境問題を考えてきて、行き着いたところが、「人は何で食べていくか」という問題だった。地球にインパクトをできるだけ与えない暮らしをしつつ、何でお金を稼いでいくか。実は、これが長く環境問題を考えてきて、最後に辿り着いた命題なるものだ。これは人類の課題でもあるだろう。そのなかで、自分の得意技を活かして新たな価値を創出していく。イトーヨーカ堂の元代表取締役の鈴木敏文さんが言うように、「琴線」に触れるような仕事をしていたら、「金銭」が得られるのではないだろうか。農には琴線に触れる素材がたくさんあるはずだ。そこで、農的な生活とコミュニティビジネスを融合・統合していくのだが、基本は自分の「強み」を知ることに尽きると思う。

新しい幸せづくりの知恵、それが「半農半X」という生き方

半農の適正規模、その目安は？

人にはどれだけの土地が必要なのだろうか。少しずつ荒廃しはじめた里を歩いていて思う。

ロシアの文豪、トルストイの寓話『人にはどれだけの土地が必要か』を読むと、分というのか限度というのか、人間はそれらをわきまえ、足るを知らなければいけないことを痛感するのだが、半農の私たちに、どれだけの田畑を耕せばいいのか、つまり、適正規模も考えさせられる。この寓話は『人にはどれだけの物が必要か』（鈴木孝夫著、飛鳥新社刊）にも載っている。寓話はこんな内容だ。

ロシアの田舎の貧乏な小作人が苦労して少しばかりの土地を手にし、暮らし向きがよくなった。彼はもっと土地が欲しくなり、だんだんと自分の土地を広げていく。あ

る地で、広大な土地が手に入ることを知り、そこへ使用人を連れ、七昼夜もかけて土地を求めに行った。そこの村長に「明日の日の出から日没まで、あなたが歩き回ったところを全部手に入れることができる」と言われた。ただし、日没までに出発点に戻らないと、土地は譲れないという条件がついた。

彼はその晩、大儲けできると思うと一睡もできなかった。夜が明けるのと同時に彼は出発した。行くところ、見るもの全部欲しくなった。気がつくととんでもない遠いところまで来ていた。日がだいぶ西に傾いていた。彼はあわてて出発点を目指した。息も絶え絶えにやっとのことで村長が待つところに倒れこんだ。村長が賞賛の声をかけたとき、彼は口から血を吐き出して絶命した。ちょうど太陽が地平線に沈んだ。

使用人が穴を掘って彼を埋めたのだが、その穴の大きさだけの土地が、彼に必要な土地のすべてだった。

やはり、私たちは、必要なものを必要なだけつくればいいということに落ち着く。草刈りが自分でできる範囲（家族の力も合わせてだが）の田畑を耕すとなると、必然的に家族が食べる分だけになる。それ以上になると、労力として無理があるし、がんばってしまえば「X」に響く。それに、人の分まで生産しようとなると、現代農業に欠かせない機械化、農薬などに頼ることになって、半農、小さな農の志に反することになってしまう。

田舎暮らしをするにあたって、生計をすべて頼るための全農になるのは難しい。まずは身の丈に合った農を目指すのがいいと思う。

フリーターに、田舎に目を向けてもらいたい！

これまでは狭いと思っていた日本の田舎の農家が困っているのは先祖が残してくれた田畑の広さだ。以前のような労働力がなくなり、高齢化し、土地を持っていることが負担になったのだ。おそらく、日本各地に休耕田や耕作放棄地がたくさんあるはずだ（注　二〇一四年現在、滋賀県の面積と同じだけあるという）。

『増刊現代農業』の『地域からのニッポン再生』（二〇〇三年二月号）の編集後記に、「農家だけでは維持できない耕作放棄地というマイナスと、都市のフリーターや定年退職者、失業者などのマイナスをかけあわせれば、プラスの新しい農的生き方の場が創造できるのではないか」ということが書いてあった。

フリーター、定年退職者の全部がマイナス要因だとは思わないが、たしかに、定職につきたくてもつけずにフリーターをしている人、まだまだ働きたくても働き口のない定年者、セカンドライフのスタートをうまく切れない定年者の数は多いのかもしれない。これらも社会の課題の表われである。

日本の食糧自給率は約四〇パーセントで、先進国のなかでは異常に低い。しかし、その食糧生産の担い手は全人口のたった三パーセントの人たちである。しかも、その担い手の三人に二人は六〇歳以上だ。

今、「地産地消」「県産県消」「国産国消」「旬産旬消」という考え方にのっとった、つくるもの、つくり方、売り方、売り先の棲み分けが注目されている。「旬産旬消」は、そのときその場でできたものを食べるということである。他はその地域で生産されたものはその地域で消費するという考え方だ。これだとライフスタイルとしての農業でも参入できるビジネスとなる。農業の規模が小さければ「地産地消」「旬産旬消」、大きければ「国産国消」のマーケットの棲み分けが可能だ。

企業社会は限られたパイを分け合うことで成り立っているが、農は生産意欲さえあれば、耕作地はあるし、作物はいくらでもあるからどんどん広がっていく世界である。

また、企業社会はリストラで分かるように、人間の交換がある程度可能なところだが、農は一人ひとりの考え方、技術が違う職人の世界で、オンリーワンで生きられるところである。ニューギニアのオロカイヴァ族の話を紹介したが、田畑には耕作者の人となりが表われる。つまり、交換が不可能なのである。

その意味でも、私は「『X』を持って田舎に出よう！」と、フリーターや定年退職者、失業者の背中を温かく押してあげたい。

芸術家、ミュージシャン、役者志望のフリーターも大歓迎だ。都会で時間とお金に追われていては充分な修業ができないだろう。いや、田舎で感性を磨けば、もしかしたら素質が開花するかもしれない。習作などを地元の人に披露するのもいい修業になる。田舎に実験アトリエ、実験劇場ができたら私たちも楽しい。今は寺や神社、棚田や里山など、自然を舞台にするアートが新しいのだ。

「夢の自給率」を「半X」で上げよう！

日本は食糧自給率が極端に低いが、夢の自給率も低いのではないか。その夢の自給率を上げると、日本はもっといい国になるのではないだろうか。貿易立国ならぬ「夢の立国」を考えるべきだろう。

アウシュビッツの強制収容所体験の名著『夜と霧』（みすず書房刊）を書いたヴィクトル・E・フランクルは「生きる意味の喪失というのが、環境問題とか社会のあらゆる混乱よりもっと深刻だ」ということを言っている。

若者の見ず知らず同士の集団自殺が何度かあったが、たしかに、今の日本は生きがいを持てない、生きる意味を見出せない社会になっている。

また、夢を見ることは生命力の表われなのに、夢を持てない人がたくさんいる。「夢を実現できなかったらどうするの。そうしたら悲しいじゃない。だから持たない」と言う若い人までいる。

なぜそうなってしまったのか。子どものころにその原因が求められるのかもしれないと、私は思っている。

誕生した子どもは親子一体で暮らす時期がある。それが終わると子ども同士で集団で遊ぶ時期がある。親子、他者とのコミュニケーションをたっぷりとる時期である。そして、親子、他者との関係を認識するときでもある。ところが、現代はそれが極端に減っている。外で遊ぶのは危ないので室内で一人、テレビを見たりゲームをしたりという時間が長くなり、他者との関係を希薄にしてしまう。

生きる意味を失う根源は、ここにあるのではないだろうか。万物とのかかわりに外で遊んでも、コンクリートに囲まれた中では、田舎でなら体験できる万物との対話、いのちの循環などを知ることができない。いきおい、感性が鈍ってしまう。見て感じ、聞いて感じ、つまり、五感で何かを充分に感じる機会がなければ、思考を巡らすことも不可能だ。

脳科学の分野では、生命力は夢見力、夢実現力と密接な関係があると言われている。そこで重要なのが、感性、気力、柔軟性、そして、強力な思考力で、それを育てるには脳を鍛えなければいけないという。脳の鍛錬方法はそういくつもないらしい。そのひとつが、もちろん人間を含めたあらゆるものとのコミュニケーションなのだ。さらには、それをとおして情緒、情感を育むことが大切らしい。

そうであるならば、「半農半X」は夢の自給率を上げるのにピッタリの生き方ではないか。

ここまで述べてきたように、「半農半X」は、問題解決型の生き方であり、未来を予見する生き方であり、危機を好機とする生き方である。それは自分の心の問題を解決するだけでなく、人が抱えている難問をも同時に解決する生き方である。

「半農半X」も「二本の手、どちらかは誰かのために」（『無償《ただ》の仕事』永六輔著、講談社刊）使う生き方と言えるだろう。これからの時代、そうした意識を持ち、人は「半農半X」という大事な二つの仕事をするだろう。私は信じている。

夏目漱石は「ああ此処におれの進むべき道があった！　漸《よう》く掘り当てた！　斯ういう感投詞（原文ママ。感嘆詞）を心の底から叫び出される時、あなたがたは始めて心を安んずる事が出来るのでしょう」（『私の個人主義』）と、約一世紀前、学生たちに語った。

今、私も感嘆詞を心の底から叫ぶことができる。

「半農半X」というコンセプトは私にとって、二〇〇〇年代を航海するための小さな小さな筏だが、もしかしたら、「半農半X」という筏をどこかで待っている人がいるかもしれない。そんな気がしている。これから私の本格的な人生が始まる。

あとがき（新書版）

早いもので「半農半X（エックス＝天職）」という生き方を一九九五年頃より提唱するようになって干支もひとめぐり、一二年以上が過ぎた。たった一つの言葉の創造が私の人生を大きく変えていった。言葉の力に驚くとともに、人生の不思議さを思う。地球温暖化など、山積する難問群を抱えた今という時代をどう生きていったらいいのか。二十代後半（九〇年頃）から、そんなことを考えてきて、半農半Xというライフスタイルに辿りついたのは三〇歳のときのこと。

当時の私は、この半農半Xという生き方に確信を抱きながらも、将来、本を上梓し、この言葉が異国の言葉に翻訳され、海を渡ることになろうとは夢にも思っていなかった。しかし、ますます混迷するなかで、時代が半農半Xに光をあててくれたようだ。

出版をしてわかったことは、半農半Xに特に関心をもってくれたのは、二十代から四十代であるということ。環境問題や年金問題など、負の遺産を負う若い世代（いわゆる赤字世代）が関心を示してくれていることを私は希望だと感じている。

半農半Xというコンセプトに私はどうして辿りついたのか。振り返ると二五歳（一九九〇年）の頃、出合った二つの難問の存在があった。難問の一つは環境問題。つまり自分の暮らし方という問題。実際に自分で農作業をし、大変さを体験してみないと、人に何もメッセージできないのではないかという思いが沸いてきた。ふと周囲を見渡せば、自然農を始めたり、農的な暮らしを求めている友ばかり。時は満ちていた。もう一つの難問は、いかに生きるかという問題（天職問題）。この世に生まれた意味や役割、天職は何だろうということ。この二つを同時に解決できるようなアイデアを私は探していたのかもしれない。いろいろな本を読み、賢者の講演を聴き、人と議論するなかで、大きな出会いが訪れた。

阪神大震災が起こった一九九五年を前に、私のなかに「半農半X（X＝天職）」というコンセプトが生まれた。私はそれによって、救われ、自身の進むべき方向が見えたのだ。自分探しに終わりを告げ、実践へと移ることができた。

二一世紀には二大問題がある。私はそれが環境問題と天職問題ではないかと考える。二大問題時代をどう生きていったらいいのか。私は「四つのもったいない」を提案したいと思う。二〇〇四年にノーベル平和賞のW・マータイさんによって、日本語の

「もったいない」に光があたったが、私はこの国には、あと三つのもったいないがあると考える。それは①天与の才（個性、特技、大好きなことなど）の「未発揮」、②地域資源（竹などの自然素材、伝統食文化など）の「未活用」、③多様な人材の「未交流・未コラボレーション」だ。

みんな必ず自分のXをもっている。真の自分のこころ、真の自分のカラダと出会い、そして、埋もれている素材や多様な人が出会うことで、新しい何か（問題解決法や新しい文化など）が生まれると私は信じている。

そのためにはやはり生物学者・レイチェル・カーソンがいう「センス・オブ・ワンダー（sense of wonder＝自然の神秘さや不思議さに目を見張る感性）」がキーワードになる。一輪の花や移り行く季節、雪月花にハッとできるような感性だ。

あとは勇気を出して、スモールアクションを重ねていくこと。気づきを独占せず、発信を重ねていくこと、シェアしていくこと。きっと道はシンプルだと思う。

悲しい事件が多く、混迷するこの国にあって、いま、この小さな農と天職を同時に行うライフスタイルがますます大事になっていくと私は思う。半農半Xという生き方を叶えることは簡単ではないかもしれない。聖書で言う「狭き門より入れ」、それが半農半Xだろう。でも私たちはたとえそれが困難であろうと実験的であろうとそれを試みていかなければ、と思う。

本書は二〇〇三年七月に、ソニー・マガジンズから出版されたものをほぼそのまま新書化したものだ。この本にはたくさんの人に登場してもらっているが、あれから五年の歳月が流れ、人生の伴侶と出会い、結婚、新しい土地で新しい暮らしを始めた人もいる。新しい仕事を始めた人もいる。町議、市議にチャレンジした人もいる。新しいプロジェクトや夢を追いかけている人もいる。私自身も綾部で一泊二日の「半農半Xデザインスクール」や、東京で「半農半Xカレッジ東京」を行うようになっている。このように五年の歳月が流れたが、ますます半農半Xというコンセプトは本質をつくものとして、評価されるようになっているように思う。ベーシックであり、コンセプチャル。それが半農半Xだろう。新書となった本書が五年前以上のひろがりを持ち、世代を越えて読み継がれ、新しい時代の扉を開く小さなきっかけのひとつとなっていくことを祈っている。

二〇〇八年八月

塩見直紀（半農半X研究所代表）

第六章

出版一〇年を振り返って

文庫版のために

二〇〇三年七月、ソニー・マガジンズから『半農半Xという生き方』が出版された。本を買ってくれた人のなかで、最初にメールをくれたのはなんと中高時代の同級生だった。東京で旅行会社を経営している彼は発売日、たまたま書店で本を見かけ、購入してくれた。本のプロフィール欄には私のメールアドレスを載せていたので、会社帰りの電車の中からメールをくれた。大学に進学し、彼とは互いに違う道を歩むのだが、こんな再会があるとは。人生は不思議なものだ。本が出てから、再会や新しい出会いの連続となる。『半農半Xという生き方』の出版は私の人生を大きく変えていく。

無名の者が書いたにもかかわらず、発売の週から、読者からのメールや手紙が届くようになる。また綾部への読者の訪問も始まる。綾部へ移住してくれた人も少なからずいる。なかには、こんな電話があった。「うちの息子が家出をしたのですが、そちらへ行っていませんか。息子の部屋の机にあなたの本があったのです」と。心配するお母さんからの電話に声を失う私。拙著はいろいろな人に影響を与えていくことになる。それは一〇年経ったいまも変わらない。いまもこのようなメールが私のもとに届く。「半農半Xを最近知りました」「旅先で半農半Xを友だちから教わりました」と。『半農半Xという生き方』は読者に二つの方向で影響を与えた。

一つは「X」の観点だ。本当にやりたい仕事をしたいと会社をやめた人もいる。勤め先の社長に事業提案をして、新規事業を始めた人もいる。農水省をやめた人もいるし、子どものころからやりたかったことを思い出した人もいる。国内外に旅に出た人もいる。

もう一つは、「農」の観点。暮らしに「農」を取り入れた人も多い。ベランダや屋上菜園を始めた人。市民農園の抽選に当たった人。故郷の農地を耕すようになった人。祖父母の農作業を手伝うようになった人。盆正月だけだった帰省の回数が増え、田植えや稲刈りのころにも帰るようになった人も。私はこの二つの変化、アクションはとてもいいことだと思っている。自身の「X」を考えるようになった人や、土や植物に触れ、人間とは何か、生きるとは何かと、一人でも考える人がこの国に増えたことは希望だと思う。半農半Xとは、謙虚さや感謝のこころを取り戻すこと、そして、自分の今生の仕事をすること、よき未来をつくるために挑戦することだと思う。

この本が台湾や中国で翻訳出版されたことはあとで詳述するが、台湾から招聘され、講演で訪台した際、「あなたの本を読んで、大学教員をやめ、地域のまちづくりセンターの仕事をしています」とか、「本を読んで地方に移住し、美しい地で民宿を始めました」という人にもたくさん出会い、驚いている。異国の言葉になっても、同じなのだと。

『半農半Xという生き方』が世に出て、約一〇年を記念して、メモリアルということ
で、この約一〇年間、特に驚いたこと、うれしかったことを一〇点あげてみた。

(1) 拙著が朝日新聞の書評で「ビジネス書」として紹介される。たまたまその夜に
見たインターネット書店「アマゾン」の順位は総合八〇位くらいだった(二〇〇三年
八月)。

(2) NHKテレビ「ご近所の底力」出演、東京のスタジオ収録にドキドキ(二〇〇
四年一〇月)。

(3)『ウォールストリート・ジャーナル』からの取材(二〇〇三年一一月)。

(4) 台湾の二十代女性が大阪で拙著を見つけ、台湾の出版社に伝わり中国語に。現
在一二刷を超えている(二〇〇六年一一月)。

(5) 台湾からの招聘で講演や農体験、地域交流など、一カ月のロングステイを体験
した(二〇一一年一〇~一一月)。

（6）中国・成都の編集者から「いま中国人も半農半Xを求めています」とメールがあり、雑誌で二〇ページの本格特集になった（二〇〇九年三月）。
（7）半農半Xレポートや共著が韓国語、タイ語、英語となり、各国から反響があった（二〇〇九年四月など）。
（8）トップアイドルグループ「嵐」のメンバー櫻井翔さんと半農半X対談。『ニッポンの嵐』という本に掲載され、発売（二〇一〇年三月）。
（9）読者が農的な生活（ベランダ菜園から移住まで）をスタートしたり、Xを模索・チャレンジしたり（会社で、ボランティアで、また起業して）。
（10）たくさんの出会い（綾部訪問や移住、メールや手紙、全国各地での講演での交流など）。

半農半Xという言葉の誕生から約二〇年。出版から一〇年。なぜ半農半Xコンセプトは長もちしているのか。そんなことを考える。また半農半Xコンセプトが世に対して、どんな意味があったのだろう。

講演依頼先にみる半農半Xがもつ多様な解の可能性

出版前から講演の機会はあったが、『半農半Xという生き方』が出てから、その数は急増していく。講演依頼先、テーマをあげてみると、半農半Xコンセプト自体の多様性がわかる。

都道府県や市町村からの依頼で、田舎暮らし、定住促進というテーマがある。いま、私は京都府の「京の田舎ぐらし」企画委員や富山県の移住施策に関する委員を務めている。今後、地方はますます人口減となっていくだろう。多くの地方がそうであるように、綾部も「消滅可能性都市」の赤信号が点っている。

都道府県知事や市町村の首長の中でも半農半Xに関心を持たれている方もおられる。あるとき、黒塗りの公用車で府外より、ある首長が訪ねてこられたときには驚いた。

いま、もっとも半農半Xコンセプトを取り入れているのは島根県だ。島根県議の方が松江での講演に招いてくださった際、島根県の考えが半農半Xと同じであることを知った。県職員の方に、半農半Xを自由にお使いくださいと伝えると、見事なアクションで施策にされた（半農半杜氏《とうじ》、半農半保育士、半農半シェフ募集など）。島根はいま注目の県だろう。日経新聞やNHKなどたくさんの取材があり、島根県のよさを質問された。それは大消費地への遠さによるものではないかと思う。大都市に近いと施策が中途半端となる。トップと行政職員のやる気と危機感、そして地理性とが見事にかみ合ったのではないかと分析している。半農半Xを施策に取り入れたい都道府県や市町村は遠慮なく実施してほしい。この国にはモデルがたくさん必要だと思うし、環境破壊や気候変動、地域の疲弊など残された時間もあまりないのではないかと思う。今後は市町村にも「半農半X課」ができる時代になるだろう。

一九九九年に故郷・綾部にUターンして一五年経つが、その間、綾部の人口減少数は約三五〇〇人だ。自然減以外で何がそうさせるのか。それは、毎年、高校生が進学等で都会へ流出することが主因だ。私はこれを「進学過疎」と呼ぶ。自分もそうであったので、行くなとは言えないが、大学で、都市でたくさん学び、綾部にUターンし、起業していく人材を増やすことが重要となっていくだろう。

地域の「X」（地域資源）と住民の「X」をいかしてのまちづくり、村づくりという観点からの講演依頼も多い。そうしたワークショップも経験を積んできている。限界集落というのも大きなテーマとなっている。

総務省が行う「地域おこし協力隊」の任期後をどうするかというビジョンづくりの応援という依頼もある。求める市町村が協力隊を募集するが、任期は三年。任期終了後、赴任地で就職するか、起業するか、赴任前の生活に戻るか、隊員は悩むところだ。

定年後の第二の人生に向けてというテーマもある。二〇一三年には、大阪で講師を担当させていただいた。平均寿命が上がるなかで、「X」にフォーカスする晩年を過ごせる人は幸せだと思う。

環境にやさしいライフスタイルをめざして、というテーマもある。私は大学を卒業してすぐに環境問題に出合い、この道へと進んでいる。二五年の間に考えてきたことを伝えられたらと思う。

就職活動前の大学生に話してほしいという依頼も多い。就職がすべてだと思って狭くなってしまっている学生の視点や選択肢をひろげ、自分を見つめ直してほしい、という大学側の願いもあるようだ。現在、鳥取大学地域学部の非常勤講師（「地域学入門」）と同志社大学大学院総合政策科の嘱託講師（「オーガニック生活・社会デザイン論」）ほか、学生に話す機会もたくさんいただいている。

社会起業やソーシャルデザイン、地域からの情報発信、センス・オブ・ワンダーの大切さなどに特化して、という依頼もある。

最近は一時間か一時間半、半農半Xのベーシックな講演を行い、同じ時間、ワークショップをさせていただくのが理想形ではないかと感じている。聴くだけで終わらず、アクションして、動いて、自分の人生を、未来を変えていってほしいからだ。

3・11の影響で新天地に移住した人々とたくさん出会ってきた。3・11で日本は内面から変わったと言われるが、意外と変わらなかったというのが私の感想だ。あんなに大きなことがあっても変われなかった日本とは何だろう。あれ以上大きなことはあってほしくないが、もっと大きなことが必要なのだろうか。この二五年、食や農、環境問題を考えてきた。結局、自分のテーマは「人はいつ変わるのか」ということだったように思う。講演か、旅か、一冊の本か。師や友など人との出会いか。それとも地震などの天災か。リストラや病気、交通事故か。悲しいことだが、人はなかなか変われない。

海を超えた半農半X――海外でのひろがり

まずは台湾へ上陸

台湾で『半農半Xという生き方』の中国語版が出版されたのは二〇〇六年のことだ。二十代の台湾出身女性・蘇楓雅さんが日本で拙著と出合い、母国に伝えたいと台北の大きな出版社に推薦してくれたことがきっかけである。台湾版は『半農半X的生活』という題で、ありがたいことに版を重ね、一二刷となっている。

本が縁で、二〇〇九年から二〇一三年の五年間、台湾からの招聘で五度、訪台している。台湾の美しい農村地域である美濃等の社区大学(コミュニティカレッジ)、桃園県、中央政府、環境学部がある国立東華大学から声がかかり、都市部から農村部で二〇回ほど、講演の機会をいただき、計五〇日ほどを、台湾で過ごした。

なぜ半農半Xが台湾で広がるのか。日本と同じく台湾は食糧自給率が低く、若者は都会に出ていき、地方は疲弊し、農地は荒れる傾向にある。そして、LOHAS《ロハス》などの健康志向、有機農産物、自然食ブームという風も吹いている。私個人の説だが、東アジアは小農文化圏で、どう生きるか（X）ということを真剣に考える風土や晴耕雨読の考え方がベースにあるからと考えている。

台湾版では、「順従自然、実践天賦」という副題が編集者によって添えられた。自然と寄り添って生き、天与の才を私物化せず、世に活かそう、実践しようというメッセージだ。日本で講演をする際はいつもこの副題のすばらしさを話す。漢字八文字の簡単なことばで人類が向かうべき方向性をメッセージしてくれている。私たちはいつしか、西洋的な価値観に染まり、自然をコントロールしようと考えるようになってしまった。いま大事なのは自然とともにある、自然に寄り添うという感覚、感性だろう。

二十四節気の「立冬」の日、台湾のあるまちの一般家庭に招かれた。この日はとても特別な日で、これから始まる冬を乗り切るための漢方料理を食べるために、みんなで集まる習わしがあるとのことだった。たくさんの種類の薬膳料理をいただき、家の中を案内してもらったとき、驚いたのは薪《まき》で調理されていたことだ。薪のほうが料理にパワーが出るからかと思ったのだが、お風呂も薪だった。その家庭は漢方の卸しをされていて、裕福な家庭だ。「畑もお持ちでは」と尋ねてみると思った通り近くにあり、さっそく案内していただいた。

一族みんな仕事を大事にされ、その会話からも勉強熱心さが伝わってくる。晴耕雨読を絵に描いたような家庭で地球のめぐりや季節を大事にし、家族みんな仲良く、暮らしは質素で、これはもう、子孫繁栄、間違いなしだ。

私たち現代人の暮らしは自然から離れ、人間の都合で自然をコントロールしようとしている。家族もなんとなく他人のようになってしまい、また、「一生勉強」という世ではとてもなくなってしまった。立冬が来るたび、私は台湾での一夜を思い出し、自戒する。「積善の家には必ず余慶有り」だと。

二〇一〇年の冬、台湾に五日ほど講演で招かれた際、企画担当の郭麗津さんが思いもかけないことを尋ねてきた。「次回は一カ月ほど滞在できますか?」と。今度は講演だけでなく、農村滞在や自然体験もしてほしいとのことだった。双方にとってよい時期として、浮かんだのが、村の祭りが終わってからの時期だった。神さまに豊穣のお礼を言い、祭り翌日から訪台した。二〇一一年一〇月のことだ。

私に与えられたミッションは花蓮、台東という台湾の東にある自然豊かな地域への移住促進だった。人材と地域資源を活かした観光や地域振興への助言などだ。一カ月の台湾ロングステイでは実際に台湾版の読者が各地で半農半Xの暮らしを始めていて、そういう読者にたくさん出会った。

お米で有名な池上という地域にある「黄姐民宿」の黄さんも半農半Xな人の一人。黄さんの田んぼで草払い機を使っての草刈りをすることができた。テレビの芸能人のように形だけの体験というのが私は好きではない。限られた時間だったが、日本で私がそうしているように、しっかり草を刈った。せめて一区画だけでも、と。こうして汗をかいて、労働をすることではじめて、台湾のために働けた、恩返しができたように思った。

花蓮の半農半社会起業家、王福裕さんの自然食宅配「大王菜舗子」では、有機野菜や果物などの出荷作業を手伝った。スタッフと一緒に願いを込めて、一つの作業をすることの尊さを感じる。また、年配の方から、豆の選別のしかたも教わった。豆の選別は静かな祈りの時間だ。

池上で泊まった民宿「玉蟾園」のおじいさんは日本兵として、南方に出征した方だ。いまは有機農産物をつくり、バイクで朝市に持っていき、会話しながら売るのが生きがいだ。台湾のおじいさんが日本語が上手に話せることに複雑な気持ちがするのは私だけではないだろう。日本の統治時代はいいこともつらいこともいろいろあっただろう。私は半日、おじいさんの弟子入りをし、朝市にお伴した。売れ残った果物や野菜を一緒に町なかを引き売りした。半農半Xを伝えることですこしでも過去の償いとなり、未来に貢献できたらと思っている。

台湾では講演後、よくお土産交換がある。訪台の際、日本から持参したお土産はオリジナルの「半農半Xロゴ入りの手袋（軍手）」だ。過去、四〇〇双つくって持っていったのだが、思った以上に好評でうれしくなった。どこかで半農半X手袋を手にした人を見かけたら、声をかけ、友だちになってもらえたらうれしい。半農半Xのネットワークが台湾でこれからもひろがっていくことを願っている。いま、台湾・花蓮のオーガニックファーマーズマーケット（花蓮好事集）で、この手袋は販売されている。売り上げが少しでも運営に活かされたらと思う。日本では綾部と、半農半Xの講演会場のみでの販売となっている。

ついに中国大陸へ

私には一〇年間の会社員時代があるのだが、その会社には、中国人スタッフの同僚が何人かいた。北京出身の女性スタッフが私に「半農半Xは中国でも通じます」と言ってくれたことがある。本が出る前のことだから、もうずいぶん前のことだ。彼女によると、アーティストが農村に入っている例もあるとのことだった。「晴耕雨読」という理想的なライフスタイルを日本に教えてくれた中国に、半農半Xが伝わればうれしい。当時、そんなことを思ったものだ。

五年前、中国・成都の雑誌編集者から「今、中国人も半農半Xを求めています」というメールが届き、驚いた。二〇ページにわたって『成都客』という雑誌で半農半Xが特集されることになる。数年前の夏、半農半Xをもっと知りたいと香港からの女性の旅人が京都・綾部の私のもとに訪ねてきた。香港のみならず大陸でも台湾版の本が読まれていて、半農半Xを知る人が多いという。その普及の時期は、中国人の台湾旅行が緩和された時期に符合する。

二〇一三年夏、上海の出版社から中国大陸版（簡体字）の『半農半Xという生き方』（中国でのタイトルは『半農半X的生活』）が出版された。待望の出版であり、うれしく思う。読者からの手紙第一号を紹介しよう。

「拝啓　塩見さま　私は中国上海の読者です。『半農半X的生活』を拝読して半農半Xというコンセプトを知り、この言葉が本当に好きになりました。ありがとうございます。本を読んだ後、ある田舎に行きました。町で育った私にとって、田舎はなじみがないところです。しかし、農家の人と話し合って、実際、二カ月農的生活を体験してみて、農業が好きになりました。自分の半農半Xという生活を作るために、時間をかけて色々なところに行ったり見たり、やっと自分の暮らしたい民家を見つけました。今、修繕中です。最近、自分が育てた無農薬の野菜を食べて、本当に幸せなことだと実感しています。「半農半X」のコンセプトを人に伝え、広げるために、拠点となる空間を作って、「半農半Xという生活」を体験したい人たちに提供しています。中国でネットワークを立ち上げることも考えています。また、アドバイスをいただければ幸いです」

二〇一四年三月、半農半Xについて、私は中国で初めて講演を行った。「地球市民村in上海二〇一四」という中国、台湾、日本の人が集うイベントが上海であり、二〇〇名を超える人を前に講演の機会をいただいたのだ。渡航前は不安だったが、さきの手紙をいただいた読者のように、熱い反応を示してくれた。日本や台湾とまったく変わらず、半農半Xのユニバーサル性を感じた。

また、上海の若い社会起業に関心をもつ約五〇名の人を対象に別の講演会も開かれた。二〇一三年秋、綾部を訪れてくれた二十代の陳統奎さんは、都市と農村を飲茶文化をツールにつなぎたいとがんばる社会起業家で、彼が主催してくれた。講演の翌日、彼の誘いで、中国の農村でのイチジクの苗木の植樹を仲間と行った。そのとき、新しい時代の到来を感じつつ、こんなことを思った。私たちは尖閣諸島や反日デモ、PM2・5以外の中国のことをあまりにも知らない、と。もしかしたら、中国の人もそうだろう。だからこそこうしたお互いの行き来、市民交流がとても大事で、私たちはもっと中国を訪れるべきだと強く感じた。また機会があれば、訪中したいと願う。上海での講演の翌月には、初めての中国からの半農半X綾部ツアーが行われた。『半農半X的生活』を読んだ中国の友が綾部を訪れてくれる時代――すばらしい時代が来ているのだ。

英語など多言語化の可能性について

同時通訳者で翻訳家、環境ジャーナリストの枝廣淳子さんは英語仲間を募り、「JFS（Japan for Sustainability）」という活動を行っている。日本の環境活動のすばらしさを英語で世界に発信するプロジェクトだ。JFSは数年前、日本の半農半Xを英語で、世界の環境系の学者、活動家など一万人に伝えてくれた。すると、アメリカ、イギリス、ドイツ、オーストラリア、シンガポールなど、いろいろな国から反応があり、雑誌やサイトに転載された。なかには英語で書かれた本はないかという問い合わせもあった。

いま、大きな課題は、半農半Xの四文字をどう英訳するかということだ。「Half agriculture, Half X」とされることが多いが、一～四単語でうまく表わせたらと思う。パーマカルチャーやマクロビオティックのように造語にしてもいいだろう。「self cultivation」は「自己陶冶」と訳されているが、愛媛の大学の先生は「cultivation」を使えば、インテリ層には伝わるとアドバイスをくれた。「里山（satoyama）」も英語になったというので、日本語でいけばいいのではないかという意見もある。本にして、広げていくためには、コピーセンスも要るだろう。読者の方でよきアイデアがあれば、ぜひご教授願いたい。英語圏に広がれば、未来はまた明るくなっていくと思う。

半農半Xを知った韓国の方からもメールが届いたことがある。「半農半Xは韓国にとっても重要なコンセプトだと思います」というメッセージ。一〇人で書いた本『自給再考――グローバリゼーションの次は何か』（山崎農業研究所編、農文協刊、二〇〇八年）はハングル版となり、韓国でも出版されている。台湾や中国のように、韓国でもゆっくり伝わっていけばと思っている。

日系企業に勤めるタイ人向けの雑誌に半農半Xが紹介されたことがあった。その記事を読んだ三十代のタイ人女性からメールが届いた。「私もタイで半農半Xしたい」と。タイでも伝わるのだと思ったし、多言語化の大事さも痛感している。

今年はカナダの新聞記者が取材のため、来綾した。また、パリ在住の映像作家が半農半Xと里山のことを映像作品にしたいと綾部までロケに来た。思いがけない時代が来ているのだ。

出版後の綾部について――新たな移住

わが家から車で二〇分の地に、農家民宿「イワンの里」が誕生した。開業したのは、京都市から綾部に移住された秋元秀夫さん（六〇歳）宏子さん（五九歳）夫妻だ。「イワンの里」という屋号を聞いて、ピンとくる方も多いだろう。そう、トルストイの名作民話『イワンのばか』だ。「イワン」とネーミングする秋元さんはどんな人だろう。とても気になる。実は私もトルストイが好きだ。秀夫さんは健康や食のことが大事だと思うようになる中で出会った赤峰勝人さんの本『ニンジンから宇宙へ』（なずな出版部刊）に紹介されていた「イワンのばか」がそのきっかけだ、と言う。

京都生協に二〇年勤務したのち、作陶に浸りたかった秀夫さん。でも周囲はそれを許さず、介護事業を仲間と経営したり、おばんざいの店をしたりしたという。そう、いろいろできる方だ。でも、あるときから夫婦二人がそろって田舎暮らしを求めるようになり、二年前の五月、綾部にIターンされた。

私は講演の際、「X」を見つけたい人や確認したい人のために、会場のみなさんと「自分のキーワード」（大好きなことや得意なこと、ライフワーク、テーマなど）を三つ書き出す時間を持つ。不思議なのは、キーワードも一個なら他人と重なるが、三つ重なることはまずない。私はそれを「使命多様性」と呼んでいる。生命も多様だし、Xも多様。人は想像以上にユニークな存在だ。秀夫さんに尋ねると、「食と健康」「陶芸と俳句」「真理探究」の三つだった。

持続可能な農ある暮らしをしながら、自身のキーワードを深める。創造性と想像性で周囲にしあわせをギフトする。後世のためによき贈り物を残していく時代が、いまだ。秋元さんは農家民宿という形でそれをすてきに実現されている。

綾部市役所の定住促進課の呼びかけで、移住一、二年生対象の交流会が「イワンの里」を会場に行われ、一二世帯が参加した。秋元さんいわく、「綾部の持つ歴史、精神文化に加えて、移り住む人によって、綾部は新たな魅力が出てきそうです」。

秋元さんを取材する中で、ふと、いつか「イワンのばか」のファンの集いができたらいいなというアイデアが浮かんできた。不思議なことに、それから一年後に、実現することになった。綾部は秋元夫妻の移住によって、またより深いまちになっていく。

三年前、都市と地域の人をつなぐ「里都《さと》プロジェクト」（大木浩士代表）の東京・銀座での公開講座で、半農半Xについて、話をする機会をいただいた。銀座で半農半Xコンセプトを講演させていただく時代となった。講演後の質問タイムで、若い男性が「来月、綾部に移住します」と冒頭、自己紹介してくれて、びっくり。

銀座での講演を聞きに来てくれたのが草刈正年さん（三四歳）だった。奥様の愛さんと一歳の娘あかりちゃんの三人で、3・11の震災後、千葉から綾部に移住。草刈さんが綾部を知ったきっかけは、東京で毎年行われているアースデイ東京に行ったことだった。出店していた綾部の和紙職人でアーティストのハタノワタルさんが漉いた和紙や作品にひかれ、二人は話し込んだ。たまたまその年、出店していたハタノさんとの偶然の出会いがこうしてひとの人生を変えていく。

路上詩人で書道パフォーマーでもある草刈さんは書を通じて、世の中の人々を活きさせることをXとする。いまは夢がいっぱいの草刈さんだが、昔はそうではなかった。夢を持てないままに大学を卒業し、IT企業に就職。システムエンジニアとして活躍するが、激務の中で、パニック障害を発症、ひきこもりになってしまう。人生を変えようと三〇カ国世界一周一人旅を決行。無事帰還後、世田谷のレストラン店長をしていたとき、書に出会い、一年後、書道パフォーマーとして独立、という人生を歩む。

なんと草刈さんは、書道は中学以来だった。また数年前、奥様のすすめで、「路上詩人塾」に行くことになり、新宿で路上詩人を初体験をした。以来、五〇〇〇人に書によってインスピレーションによる希望のことばを贈ってきた。路上詩人塾に行くべきよ、とプッシュしてくれた愛さんの愛情もありがたいものだ。

綾部でもぜひ書の教室を開いてほしい、というと、夏、はじめての教室「個性筆教室」が実現した。会場は綾部と神戸の二重生活を楽しむ自力整体ナビゲーター・成本ひろみさんが経営する綾部のすてきなカフェ「兎遊《とゆう》」。字に自信がなかった私も受講生として参加したら、二時間の講座の最中、劇的な変化があり、驚いた。

農を大事だという思いを有する人で、持てるXで何かを表現したり、新しい価値を創造したり、周囲に役立ちたいという人を、これからの地方の市町村は求めていく時代になる。すばらしい人材が綾部に来てくれ、ほんとうにうれしい。今年も京都市内で草刈さんと私のコラボイベント（「半農半Xで食べていくための情報発信法」講座）を行った。綾部に強力な助っ人が加わったのだ。

秋元夫妻、草刈一家以外にも綾部にはたくさんの移住者が増えている。兵庫からわが村に来られた多田正俊・悦子夫妻もそうだ。自治会では同じ組となる。多田さんの娘さんが、私が招かれたイベントのスタッフだったり、私の講演を聞いてくださったりして、綾部の存在を両親に伝えてくれたことがきっかけだった。村は現在七十数戸だが、一戸の加入、一家族の転入だけでも大きなパワーになることを実感している。正俊さんは広告代理店に勤務されていたので、企画のプロでもある。ソフトパワーの時代、「企画力をもった市民」がますます必要だ。ただ企画力があればいいのではない。二人のように謙虚に土から学びつつ、そして、企画力がある、実行力があることが求められる時代なのだ。そうした人材の多さがこの国の、そして、世界の未来を決めていくと思う。

他の市町村もそうだが、綾部市役所も定住促進に力を入れている。いまでは定住促進課を設け、優秀なスタッフを配置している。現在、二期目の山崎善也市長は、日本政策投資銀行の元国際部長で、五十代前半で綾部にUターンされた。東京の大手町の書店で、偶然、拙著を手に取ってくださったそうだ。国際部長の肩書を捨てて、故郷に帰るのには勇気が要ったと思うが、英断をされたことに感謝したい。ちなみに今回帯文のメッセージをいただいた『里山資本主義』の藻谷浩介さんは、市長にとって銀行時代の後輩にあたり、過去、綾部でも講演していただいた。

『半農半Xという生き方』以後の綾部については、『綾部発　半農半Xな人生の歩き方88』（遊タイム出版）をぜひご覧いただけたらと思う。半農半Xな綾部人を八八人紹介しつつ、私の好きな言葉をちりばめた一冊で、綾部の土産物にもなることを願って編んだ本だ。昨年、台湾でも翻訳出版され、また今秋、上海の出版社から中国大陸でも翻訳出版予定である。

余談だが、他の市町村でも同じような本ができたらすてきだと思う。若い書き手や、写真を撮るのが好きな人が、地域の出版社から出してくれたらと思う。各都道府県版ができたらおもしろい。台湾の半農半Xの八八人を紹介した本や、中国の三三省（特別区など含む）版、ニューヨーク版、ロシア版などの可能性もゼロではないはずだ。

出版後の私の人生とこれからについて

里山ねっと・あやべを卒業

『半農半Xという生き方』が二〇〇三年に出版された時、私は三八歳だった。母が逝った年齢が四二歳だったので、その年齢を意識し、自分も同じ年齢で逝っても後悔のないようにしたいと念じてきた。『半農半Xという生き方』の上梓で、私のこころはすこし安心することができたように思う。なんとか間に合った、と。

あれから一〇年と少しが過ぎ、あのころと自分はどう違っているのだろう。いちばんの大きな変化と言っていいのは、母校の豊里西小学校（現在の綾部市里山交流研修センター）の跡地を活用をし、都市農村交流を行っているNPO法人里山ねっと・あやべのスタッフを二〇一四年三月末、卒業したことだ。常勤時代からずっと関わってきた。来年は発足一五年だ。NPOの経営がなかなか大変であることもあるが、卒業した大きな理由は以下の点だ。一〇年前と比べると、インターネットにおける情報量は五三〇倍になっているという。そう書かれたビジネス書を読んで、なるほどと感じた。昔のやり方が通じなくなっている。「ひとひねり」では足らず、もう「ふたひねり」くらいのアイデアが必要な時代になっている。スタッフの若返り、二十代から三十代の若いスタッフの感性が必要だ。もっと言うと、まちづくりや村づくりは、先人の知恵と若い感性の組み合わせが大事なのだろう。

ソーシャル系大学「綾部里山交流大学」

里山ねっと・あやべからは離れたが、二〇〇七年から取り組んできたソーシャル系大学「綾部里山交流大学」からは要請があり、東京校のみ企画に携わっている。「月一東京」と呼んでいるのだが、毎月、東京で綾部PR（半農半Xのこと、綾部の魅力など）を東京の大学、社会起業家、NPOと連携し、講演することにチャレンジ中だ。隔月や季節に一回ではなく、毎月行う。それくらいのインパクト、ストーリーが必要なのだと思う。綾部市のまちづくり基金の応援を得て、できれば、三年間つづけてチャレンジしていけたらと思う。東京のキーマンの方にお声かけをすると、うれしい反応を得た。明治大学農学部の小田切徳美先生、ローカルデザインの第一人者・鈴木輝隆先生、ローカルデザインネットワークの齊藤哲也さん、greenz の鈴木菜央さんほか多くのみなさんに感謝したい。

一泊二日型「半農半Xデザインスクール」

京都のお寺で開かれた鼎談を聞いてくれた三十代女性が、私にこんなことを聞いてきた。「綾部でワークショップをされていませんか」と。思いがけないことだったが、振り返ると、著書を読んだ人が綾部を訪ねてくれることも多く、「X」を見つける応援のためのワークショップを行うのもいいかもしれない。そう思った私は二〇〇六年の立春に、「半農半Xデザインスクール（XDS）」を始めた。

年に数回の一泊二日スタイル。XDSは「X」を見つける、絞る、自分の「型」を見つけることを主眼にするもので、農作業はせず、七名以下で行う。一一のワークを掲載したワークブック「半農半Xデザインブック」をつくり、みんなでそれを書き込み、みんなで発表し、シェアリングを行う。他者の考え方やキーワードに刺激を受け、想いやアイデアが深まっていく。そして二日目には、未来がすっきりくっきり整理されていることをめざすという、オススメのものだ。

先輩世代にあれこれアドバイスをするのも変なので、現在は四〇歳以下の方を対象としている。首都圏からの参加者も多く、男女比は半々、三三歳前後が多いようだ。会場は綾部の農家民宿で、芝原キヌ枝さんの「素のまんま」や京都から綾部に移住された秋元秀夫・宏子夫妻経営の「イワンの里」にお世話になっている。

塩見直紀的コンセプトスクール

綾部でのXDSに加え、コンセプトを自分で創り、ソーシャルデザインをすることを目的に、二〇一三年から京都市内でワークショップ型の「塩見直紀的コンセプトスクール」を行ってきた。二五年ほど前のことだが、企業時代、ロバート・ライシュの本『ザ・ワーク・オブ・ネーションズ――二一世紀資本主義のイメージ』（ダイヤモンド社刊）のなかで、「シンボリック・アナリスト」というコンセプトを知り、影響を受けてきた。同じころ、「新概念創出能力」ということばに出合った。以来、私はコンセプト、新概念、キーワードに興味を持つようになる。コンセプトメイク（新しい概念を創出すること）に関する専門的な教育を受けたことはないが、自己流でそれを伝えることをしていきたいと思っている。

二〇一四年春から、「コンセプトスクール」の通信教育版を始めた。遠くに住んでいても学んでいただけるものだ。毎週金曜日の夕方に私がコンセプトメイクに関する練習問題を一問、メールで送る。それについてのアイデアを土日で三つ考え、月曜の朝の八時までのメールでアイデアを回答、数日内に私がコメントを返す。それを約一年（五〇週）続けるというものだ。コンセプトを自分で創れるということは、夢を自給できるということ、ワクワクする未来を自分で創れるということ、時代をすこしでも変えていける力をつけるということだ。私からの練習問題への答えを見てきて感じるのは、みんな、すばらしいコンセプトを充分つくっていけるということだ。コンセプトメイクとは、何が起こっても再生できる力を自分で持つことだと思う。

一人出版社「半農半Xパブリッシング」

この一〇年の自分の変化の一つとして、一人出版社「半農半Xパブリッシング」を始めたことがある。『半農半Xという生き方』の版元であるソニー・マガジンズが単行本部門から撤退し、雑誌部門のみとなった。『半農半Xという生き方』の単行本

（二〇〇三年）や新書版（二〇〇八年）、二冊目の『半農半Xという生き方　実践編』（二〇〇六年）は完売し、出版社の倉庫にも書店にもわが家にも一冊もない。しかし、本を求める人がいる状態だった。

私はソニー・マガジンズとあらたに契約を交わして、自分で本を刷ることができるようになった。そこで考えたのが、半農半Xコンセプト専門のローカル出版社「半農半Xパブリッシング」だ。地域にお金がまわるように、綾部近辺の印刷会社に刷ってもらう。カバーは綾部在住の写真家の作品を使う。できれば、綾部在住の装丁家、デザイナー、DTPができる人に仕事がまわせたらと考えている。こうして二〇一二年、『半農半Xという生き方　実践編』を出すことができた。

カバーの写真は綾部在住の写真家、鈴木隆さんの「全国水源の里フォトコンテスト」受賞作品だ。「水源の里」とは綾部が限界集落の取り組みをする際、生まれたコンセプトで、いまでは全国のおなじような地域を抱える市町村にもひろがり、四方八洲男・前綾部市長が進めた施策だ。現在、全国水源の里連絡協議会の会長は山崎善也・綾部市長が務めている。半農半Xパブリッシングはいまは私の本を中心に出しているが、最終的な目標は、十代から二十代の若い書き手の発掘にある。

よくある質問集――五つの質問に答えて

日本の各地で年間八〇回ほど講演を行うが、よく出る質問がある。ここでは、特に印象深いもの五つに、簡単にお答えしたい。

「子どもの教育は田舎で大丈夫か」という質問について。

いつもこのようにお答えしている。私は小学校時代、クラスメイトは九名、全校生徒六〇名の小さな学校で過ごした。大事なのは生徒数ではない。いい先生に巡り合ってきたと思うが、やはり大事なのは家庭だ。私はヨーロッパのこのことわざが好きだ。「一人の賢母は一〇〇人の教師に優る」。「賢母」とあるが、母親だけでなく両親の価値観、哲学が何より大事だろう。教育の本質だと思う。

「兼業農家との違いは何か」という質問について。

兼業農家のかたが、仕事、ボランティア、自治会など地域活動で「X」的な何かを有するなら、それは半農半Xだと思う。半農半Xということばにこだわる必要はないだろう。大事なのは方向性だと思う。暮らしに農があり、天職的な時間があれば、私の目から見れば、半農半Xだ。これは専業農家のかたが地域活動に一生懸命である場合も同じだ。

「みんなが半農半Xすると、日本は衰退するのではないか」という質問について。

年配の方が感じやすい疑問だ。持続可能な農とXのある暮らしをすることは、悪いことではないだろう。ロシアのダーチャのように自給率があがるかもしれないし、心身が健康になれば、健康保険の医療費も変わってくるだろう。現状の世界の延長線上に未来はあるかと問われれば、ないのではないかと私は思っている。行き着く未来を変えるために、私はそれぞれが「X」にチャレンジすることが大事で、それによって、山積する問題群がすこしでも解決へと向かえばいいと思っている。右肩上がりの成長というより、螺旋状にゆっくりこの国が進化・深化していってくれればと思う。まだこの国には、この世界にはいきいきとした魅力的な将来像、ビジョンがない状態だ。新しいビジョンやニューコンセプトの提示をしていきたいと思う。

「農も天職も、ともに難しいのではないか。二兎を追うものは一兎をも得ずではないか」という質問。

これも年配の方からいただいたものだ。たしかに両方とも難しい。でも、簡単にやってのける大学生や若い人もいる。先の問いと同じだが、いまのままの未来には希望があまりないなら、どこかで変える必要がある。私はあえて、二兎を追うという実験も大事だと思う。二兎を追うから見えてくる新しい地平もあると。また、半農半Xというと、農と「X」の左右の関係にとらえがちだが、農はベースで、その上に「X」があるのだとも思う。だから、二兎という発想も違うのかもしれない。

本を読んでくれた人のなかにこんな感想をくれた人がいた。「半農半Xは理想的ではない、すこぶる現実的だ」と。ある方が、こんな風に本書を「二一世紀の推薦書」と評してくれた。「半分農業して、半分は自分の道を追求するのもアリなんだ！ と目からウロコな本。しかもそのライフスタイルこそが日本を救うかもしれないのだ！」と。

「自分の天職（X）がわからない」という問いに関しては、こう答えている。自分の

「X」にこだわらなくてもいいのではないか、と。人は自分の「X」にこだわりがちだが、周囲の誰か（祖父母、親、兄妹、友人、知人など）の「X」を応援するという「X」があるのではないだろうか。ぜひ周囲の「X」をプロデュースするという視点ももってほしいと思う。

『夜と霧』のヴィクトル・E・フランクルは生きる意味の枯渇を憂えたが、平和の問題にも、環境問題にも、すべての根底にこのことがあるのではないだろうか。「課題先進国」と言われる日本。半農半Xがそんな国での生き方の「型」になればと願っている。

帯推薦文

「里山資本主義」に先立つこと十年。
「半農半X」はもう世界の共通語。

藻谷浩介（『デフレの正体』『里山資本主義』）

解説　コミュニティとともに生きる人

山崎亮

この本は二〇〇三年に書かれている。当時、著者の塩見氏は三八歳。それから一〇年以上が経過した。一読すればわかるとおり、塩見氏は本書のなかでさまざまな未来を予測している。いわく「コミュニティビジネスと農的なものが融合する」「これからのまちづくりでは『あるもの探し』が重要になる」「シェアという言葉が新しい時代を象徴することになる」など。約一〇年経ち、それぞれが現実のものとなりつつあることを実感する。

とはいえ、塩見氏は予言者ではない。突然ひらめいて未来を予測したわけでもない。約一〇年前に彼が語った言葉は、それまでに彼が見つけた多くの言葉をつなぎあわせ、自分自身や友人たちの生活における実践と照らし合わせながら組み立てた未来像である。本書には多くの言葉が引用されているし、続く二〇〇六年に発刊された『半農半Xという生き方　実践編』や二〇〇七年に発刊された『綾部発　半農半Xな人生の歩き方88』にも多くの言葉が引用されている。同時に、本人や友人たちの生活が紹介されている。自分が興味を持った言葉と自分たちの生活実感とを行き来しながら、塩見氏はこれからの社会がどうあるべきかを語ってきたといえよう。

ここで塩見氏の生い立ちを振り返っておきたい。塩見氏は一九六五年、京都府綾部市に生まれた。一〇歳のとき、当時四二歳だった母親を亡くす。二四歳からの約一〇年間は神戸にある通販会社フェリシモに勤める。特筆すべきなのは、二八歳からの二年間、社内で立ち上げた一人部署「ソーシャルデザインルーム」で働き、会長の社会貢献事業における企画や準備や運営を担当したことである。この部署で働く中で、塩見氏は二つの書籍に出合う。ひとつは明治の思想家、内村鑑三の『後世への最大遺物』。これは内村が三三歳のときに箱根で行った講演が元になってまとめられた本だが、塩見氏も三三歳までに何かしたいと決意することになる。もう一冊は星川淳の『エコロジーって何だろう』。このなかで星川氏が自分の生き方を「半農半著」と表現しており、ここからヒントを得て塩見氏は「半農半X」というコンセプトを生み出す。そして一九九九年、塩見氏は三三歳でフェリシモを退職し、故郷である綾部市へと戻り、三五歳で「半農半X研究所」を設立。三八歳で本書を書いたというわけだ。

二〇年以上前に「ソーシャルデザイン」を標榜する部署で働いていたというのも驚きだが、尊敬する内村鑑三が三三歳で講演したからといって、自分も三三歳で会社を辞めてしまうという意志の強さにも驚かされる。「締め切りのない夢は実現しない」という言葉どおり、塩見氏は自分の人生にいくつもの締め切りを設けている。三三歳の次の締め切りは四二歳、つまり塩見氏の母親が亡くなった年齢である。この歳までに三冊の本を出版すると決めていて、実際に前述の三冊を二〇〇七年までに出版している。ものすごい意志の固さと実行力である。

しかし、実際に会ってみた塩見氏は、こうした意志の強さをほとんど感じさせない。人の話をじっくり聞き、丁寧に話し、自分の意見に固執せず、柔軟に発想を変えていく。痩せ型で物腰の柔らかい「いい人」である。私が初めて塩見氏に会ったのは二〇〇八年のこと。当時私は、自分が二〇〇五年から始めたコミュニティデザインという仕事のヒントを得たくて、塩見氏が書いた三冊の本を読み、雑誌の取材と称して本人に接近した。きっと意志が強く、主張が激しく、「俺の話を聞け！」というタイプの人だろうと想像していた私は、拍子抜けを通り越し、その穏やかな魅力にグイグイ引きこまれていった。二〇一二年にはウェブマガジンの取材と称してその後の塩見氏の活動について聞かせてもらった。これまでの付き合いを踏まえて、コミュニティデザイナーの視点から塩見氏の特徴を一言で述べるとすれば「壮大なコミュニティ概念を持つ人」ということになろう。以下に、塩見氏が所属する多様なコミュニティを挙げてみたい。

まずは綾部市の地縁型コミュニティ。塩見氏と地域を歩くといろんな人が挨拶してくれる。書籍にも地域で暮らす人の言葉が多く登場する。次に、半農半Xというコンセプトでつながるテーマ型コミュニティ。これは全国に広がるつながりである。塩見氏は多くの書籍を読み込み、そこからたくさんの有益な言葉を見つけ出し、それをブログや書籍を通じて紹介し続けている。こうした言葉がつなぐコミュニティがあるのだろう。二〇〇八年に発刊された本書の新書版あとがきで塩見氏は「気づきを独占せず、発信を続けること」の重要性を説いている。

きっと、言葉を借りた人もまた塩見氏にとってコミュニティの一員なのだろう。それは遠く離れた土地に住む人かもしれないし、歴史上の人物なのかもしれない。書物を通じて時代を超えたつながりを生み出している。綾部市にある塩見氏が通った小学校の跡地には、かつての保健室を改装した「田舎暮らし情報センター」がある。本棚には塩見氏が寄贈した多くの書籍が並んでいる。この場所もまた、塩見氏の広範なコミュニティを感じ取ることができる空間だといえよう。

さらにいえば、見つけ出した言葉を伝えたいと願う次の世代の人たちもまた、塩見氏にとってはコミュニティの一員なのだろう。本書のなかで塩見氏は「私たちは自分たちが最後の世代のように振舞っている」と警鐘を鳴らしつつ、実際には中継ぎの役割を果たすべきであり、次の世代へと何かを引き継いでいく役割を担っていることを自覚するよう呼びかけている。

人間だけではない。田んぼの米、昆虫、動物、畑の野菜、雑木林の植物、水や太陽の光など、自分を取り巻くさまざまなものがすべて塩見氏のコミュニティ概念に含まれているような気がする。

こうした広いコミュニティにおける多様なつながりのなかで塩見氏は生きており、活かされていると自覚しているはずだ。だから謙虚なのであり、腰が低いのであり、人がいいのである。自分が何者で、つながりのなかでどんな役割を果たすべきなのかがよくわかっているのである。

「コミュニティとともに生きる」ということを体現している人だといえよう。

（やまざき・りょう　コミュニティデザイナー）

『半農半Xという生き方』は、二〇〇三年七月、ソニー・マガジンズから単行本として刊行され、二〇〇八年八月、ソニー・マガジンズ新書として刊行された。

本書は新書版に加筆修正し、新たに第六章を加えて【決定版】とした。

減速して自由に生きる　髙坂勝

自分の時間もなく働く人生よりも自分の店を持ち人と交流したいと開店。具体的なコツと、独立した生き方。一章分加筆。帯文＝村上龍　（山田玲司）

生きさせろ！　雨宮処凛

若者の貧困問題を訴えた記念碑的ノンフィクション。湯浅誠、松本哉、入江公康、杉田俊介らに取材。JCJ賞受賞。最終章を加筆。　（姜尚中）

脱貧困の経済学　飯田泰之／雨宮処凛

格差と貧困が広がり閉塞感と無力感に覆われている日本。だが、経済学の発想を使えばまだ打つ手はある。追加対談も収録して、貧困問題を論じ尽くす。

生き地獄天国　雨宮処凛

プレカリアート問題のルポで脚光をあびる著者自伝。自殺未遂、愛国パンクバンド時代。イラク行。現在までの書き下ろしを追加。　（鈴木邦男）

「心」と「国策」の内幕　斎藤貴男

「がんばろう、日本」が叫ばれる危ういこの国で、「国民」の内面は、国や公共、経済界にどう利用されていくのか？　政治経済、教育界まで徹底取材！

なぜ「活動家」と名乗るのか　湯浅誠

非正規雇用や貧困で生きにくい社会とは別の社会を夢見る条件を作るのが活動家の仕事だ。貧困問題に取り組む著者の活動史と現在。　（茂木健一郎）

自分の仕事をつくる　西村佳哲

仕事をすることは会社に勤めること、ではない。仕事を「自分の仕事」にできた人たちに学ぶ、働き方のデザインの仕方とは。　（稲本喜則）

自分をいかして生きる　西村佳哲

「いい仕事」には、その人の存在まるごと入ってるんじゃないか。『自分の仕事をつくる』から6年、長い手紙のような思考の記録。　（平川克美）

自然のレッスン　北山耕平

自分の生活の中に自然を蘇らせる、心と体と食べ物のレッスン。自分の生き方を見つめ直すための詩的な言葉たち。　（帯文＝服部みれい　解説＝曽我部恵一）

たましいの場所　早川義夫

「恋をしていいのだ。今を歌っていくのだ」。心を揺るがす本質的な言葉。文庫用に最終章を追加。帯文＝宮藤官九郎　オマージュエッセイ＝七尾旅人

君たちの生きる社会　伊東光晴

なぜ金持や貧乏人がいるのか。エネルギーや食糧問題をどう考えるか。複雑になった社会の仕組みや動きをもう一度捉えなおす必要がありそうだ。

ハーメルンの笛吹き男　阿部謹也

「笛吹き男」伝説の裏に隠された謎はなにか？ 十三世紀ヨーロッパの小さな村で起きた事件を手がかりに中世における「差別」を解明。（石牟礼道子）

俺様の宝石さ　浮谷《うきや》東次郎《とうじろう》

23歳で鈴鹿に散った、伝説の天才レーサーがのこしたアメリカ青春放浪記。高校3年で単身渡米。大陸を東次郎のバイクが疾走する。（関川夏央）

逃走論　浅田彰

パラノ人間からスキゾ人間へ、住む文明から逃げる文明への大転換の中で、軽やかに〈知〉と戯れるためのマニュアル。

生きることの意味　高《コ》史《サ》明《ミョン》

さまざまな衝突の中で死を考えるようになった一朝鮮人少年。彼をささえた人間のやさしさを通して、生きることの意味を考える。（鶴見俊輔）

世界がわかる宗教社会学入門　橋爪大三郎

宗教なんてうさんくさい!? でも宗教は文化や価値観の骨格であり、それゆえ紛争のタネにもなる。世界宗教のエッセンスがわかる充実の入門書。

戦闘美少女の精神分析　斎藤環

ナウシカ、セーラームーン、綾波レイ……「戦う美少女」たちは、日本文化の何を象徴するのか。「おたく」「萌え」の心理的特性に迫る。（東浩紀）

家族の痕跡　斎藤環

様々な病の温床ではあるが、他のどんな人間関係よりましである。著者だから書ける、最も刺激的にして愛情あふれる家族擁護論。（荻上チキ）

人生の教科書［よのなかのルール］　藤原和博　宮台真司

〝バカを伝染（うつ）さない〟ための「成熟社会へのパスポート」です。大人と子ども、お金と仕事、男と女と自殺のルールを考える。（重松清）

人生の教科書［人間関係］　藤原和博

人間関係で一番大切なことは、相手に「！」を感じてもらうことだ。そのための、すぐに使えるヒントが詰まった一冊。（茂木健一郎）

終わりなき日常を生きろ　宮台真司

「終わらない日常」と「さまよえる良心」——オウム事件直後出版の本書は、著者のその後の発言の根幹である。書き下ろしの長いあとがきを付す。

14歳からの社会学　宮台真司

「社会を分析する専門家」である著者が、社会の「本当のこと」を伝え、いかに生きるべきか、に正面から答えた。重松清、大道珠貴との対談を新たに付す。

移行期的混乱　平川克美

人口が減少し超高齢化が進み経済活動が停滞する社会で、未来に向けてどんなビジョンが語れるか？転換点を生き抜く知見。　（内田樹＋高橋源一郎）

9条どうでしょう　内田樹／小田嶋隆／平川克美／町山智浩

「改憲論議」の閉塞状態を打ち破るには、「虎の尾を踏むのを恐れない」言葉の力が必要である。四人の書き手によるユニークな洞察が満載の憲法論！

よいこの君主論　架神恭介　辰巳一世

戦略論の古典的名著、マキャベリの『君主論』が、小学校のクラス制覇を題材に楽しく学べます。学校、職場、国家の覇権争いに最適のマニュアル。

もしリアルパンクロッカーが仏門に入ったら　架神恭介

パンクロッカーのまなぶは釈迦や空海、日蓮や禅僧たちと殴りあって悟りを目指す。仏教の思想と歴史を笑いと共に理解できる画期的入門書。　（蝉丸P）

反社会学講座　パオロ・マッツァリーノ

恣意的なデータを使用し、権威的な発想で人に説教する困った学問「社会学」の暴走をエンターテイメントな議論で撃つ！　真の啓蒙は笑いから。

続・反社会学講座　パオロ・マッツァリーノ

あの「反社会学」が不埒にパワーアップ。お約束と権威主義に凝り固まった学者たちを笑い飛ばし、庶民に愛と勇気を与えてくれる待望の続編。

青春と変態　会田誠

著者の芸術活動の最初期にあり、高校生男子の暴発するエネルギーを、日記形式の独白調で綴る変態的青春小説もしくは青春的変態小説。　（松蔭浩之）

うれしい悲鳴をあげてくれ　いしわたり淳治

作詞家、音楽プロデューサーとして活躍する著者の小説&エッセイ集。彼が「言葉」を紡ぐと誰もが楽しめる「物語」が生まれる。　（鈴木おさむ）

ちくま文庫

半農半《はんのうはん》X《エックス》という生《い》き方《かた》【決定版《けっていばん》】

二〇一四年十月十日　第一刷発行

著　者　塩見直紀（しおみ・なおき）
発行者　熊沢敏之
発行所　株式会社　筑摩書房
東京都台東区蔵前二―五―三　〒一一一―八七五五
振替〇〇一六〇―八―四一二三
装幀者　安野光雅
印刷所　三松堂印刷株式会社
製本所　三松堂印刷株式会社

乱丁・落丁本の場合は、左記宛にご送付下さい。
送料小社負担でお取り替えいたします。
ご注文・お問い合わせも左記へお願いします。
筑摩書房サービスセンター
埼玉県さいたま市北区櫛引町二―六〇四　〒三三一―八五〇七
電話番号　〇四八―六五一―〇〇五三

ISBN978-4-480-43206-3　C0195